T0236305

Werkstoffe im Bauwesen |
Construction and Building Materials

Reihe herausgegeben von
Eduardus A.B. Koenders, Darmstadt, Deutschland

Die Reihe dient der Darstellung der Forschungstätigkeiten am Institut für Werkstoffe im Bauwesen (WiB) der Technischen Universität Darmstadt. Diese umfassen die aktuell relevanten Bereiche der Baustoffforschung im Spannungsfeld zwischen bauchemischen und bauphysikalischen Problemstellungen. Kernthemen sind die Herstellung, die Dauerhaftigkeit und die Umweltfreundlichkeit neuer Materialien. Die Reihe beschäftigt sich mit neuen wissenschaftlichen Fragestellungen, die den zentralen Anliegen unserer Generation entspringen, wie dem Bestreben nach einer Steigerung der Energieeffizienz, einer Wiederverwendung von Rohstoffen und der Reduzierung der CO_2-Emissionen. Die verfolgten wissenschaftlichen Lösungsansätze liegen auf einer experimentellen mikro- und meso-strukturellen Ebene, wobei die chemischen und physikalischen Zusammenhänge in fundamentalen Modellansätzen münden. Auf dieser Grundlage können hochwertige Innovationen erfolgen, die über einen multiskalaren Ansatz praktisch anwendbar werden.

With this series, the Institute of Construction and Building Materials of the Technical University of Darmstadt has the ambition to publish their current research results arising from synergetic effects among the following research directions: Building materials, building physics and building chemistry. Relevant key issues addressing the processing, durability, and environmental performance of our future materials will be reported. The series covers state-of-the-art progress originating from research questions that address urgent themes like energy efficiency, sustainable reuse of raw materials and reduction of CO_2 emissions. Advanced experimental facilities are used for studying structure-property relationships of building materials. Main objective is to develop cutting edge scientific solutions that comply with actual sustainability requirements. Mechanical-Chemical-Physical interrelationships are employed to develop advanced numerical methods for simulating material behaviour. Multi-scale modelling techniques are implemented to upscale results to a practical macro-scale level.

Weitere Bände in der Reihe http://www.springer.com/series/15577

Kira Weise

Über das Potenzial von calciniertem Ton in zementgebundenen Systemen

Materialcharakterisierung und Reaktionsverhalten

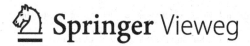

Kira Weise
Institut für Werkstoffe im Bauwesen
Technische Universität Darmstadt
Darmstadt, Deutschland

Zugl.: Masterarbeit, Technische Universität Darmstadt, 2019

ISSN 2523-3211   ISSN 2523-322X   (electronic)
Werkstoffe im Bauwesen I Construction and Building Materials
ISBN 978-3-658-28790-0   ISBN 978-3-658-28791-7   (eBook)
https://doi.org/10.1007/978-3-658-28791-7

Die Deutsche Nationalbibliothek verzeichnet diese Publikation in der Deutschen National-
bibliografie; detaillierte bibliografische Daten sind im Internet über http://dnb.d-nb.de abrufbar.

© Springer Fachmedien Wiesbaden GmbH, ein Teil von Springer Nature 2020
Das Werk einschließlich aller seiner Teile ist urheberrechtlich geschützt. Jede Verwertung, die
nicht ausdrücklich vom Urheberrechtsgesetz zugelassen ist, bedarf der vorherigen Zustimmung
des Verlags. Das gilt insbesondere für Vervielfältigungen, Bearbeitungen, Übersetzungen,
Mikroverfilmungen und die Einspeicherung und Verarbeitung in elektronischen Systemen.
Die Wiedergabe von allgemein beschreibenden Bezeichnungen, Marken, Unternehmensnamen
etc. in diesem Werk bedeutet nicht, dass diese frei durch jedermann benutzt werden dürfen. Die
Berechtigung zur Benutzung unterliegt, auch ohne gesonderten Hinweis hierzu, den Regeln des
Markenrechts. Die Rechte des jeweiligen Zeicheninhabers sind zu beachten.
Der Verlag, die Autoren und die Herausgeber gehen davon aus, dass die Angaben und Informationen in diesem Werk zum Zeitpunkt der Veröffentlichung vollständig und korrekt sind.
Weder der Verlag, noch die Autoren oder die Herausgeber übernehmen, ausdrücklich oder
implizit, Gewähr für den Inhalt des Werkes, etwaige Fehler oder Äußerungen. Der Verlag bleibt
im Hinblick auf geografische Zuordnungen und Gebietsbezeichnungen in veröffentlichten Karten
und Institutionsadressen neutral.

Springer Vieweg ist ein Imprint der eingetragenen Gesellschaft Springer Fachmedien Wiesbaden
GmbH und ist ein Teil von Springer Nature.
Die Anschrift der Gesellschaft ist: Abraham-Lincoln-Str. 46, 65189 Wiesbaden, Germany

Fordere viel von dir selbst und erwarte wenig von anderen.
[Konfuzius]

Vorwort

Die vorliegende wissenschaftliche Arbeit entstand als Teil der grundlagenorientierten Forschung zur Reaktivität von Zusatzstoffen in zementgebundenen Systemen am Institut für Werkstoffe im Bauwesen (WiB) der Technischen Universität Darmstadt. Sie ist zugleich die Abschlussarbeit meines Studiums zur Wirtschaftsingenieurin mit der technischen Fachrichtung Bauingenieurwesen. Diese Arbeit erfüllt für mich persönlich nicht nur den Zweck der Vollendung des Studiums, sondern ich sehe sie auch als Ausgangspunkt für meine zukünftige Zeit am Institut für Werkstoffe im Bauwesen.

Meine enge Verbundenheit zu diesem Institut basiert auf den letzten vier Jahren, in denen ich neben meinem Studium am WiB tätig war bzw. seit August als Wissenschaftliche Mitarbeiterin beschäftigt bin. Da die vorliegende Arbeit in meinen Augen maßgeblich von dieser Zeit profitierte, möchte ich mich für die jahrelange Zusammenarbeit am Institut recht herzlich bedanken.

Mein Dank gilt in erster Linie Prof. Dr. ir. Eddie Koenders für die unzähligen Möglichkeiten, die Sie mir am Institut für Werkstoffe im Bauwesen zur Verfügung stellen und für das mir entgegengebrachte Vertrauen, welches mir diese Arbeit in der vorliegenden Form erst ermöglichte.

Weiterhin möchte ich mich ganz besonders bei meinem ehemaligen Kollegen Frank Röser für die gemeinsamen lehrreichen Jahre am Institut bedanken. Durch dich habe ich die Arbeit am Institut schätzen und lieben gelernt, was meinen weiteren Lebensweg erheblich prägt. Ein großes Dankeschön richtet sich auch an unsere Sekretärin Aysen Cevik. Dein liebenswertes Wesen, deine uneingeschränkte Hilfsbereitschaft und die unterhaltsamen Gespräche bereichern in erheblichem Maße das Arbeitsklima am Institut und tragen maßgeblich zu meinem persönlichen Wohlbefinden am Arbeitsplatz bei.

Außerdem danke ich meinen beiden Kollegen Oliver Vogt und Neven Ukrainczyk für die Betreuung der Arbeit, die produktiven fachlichen Diskussionen und dafür, dass ich mit meinen Fragen bei euch jederzeit herzlich willkommen bin. Einen großen Beitrag zu dem Gelingen der vorliegenden Arbeit leisteten außerdem Yvette Schales, Helga Janning und Conrad Ballschmiede durch die Unterstützung im Labor, insbesondere am Rasterelektronenmikroskop.

Mein Dank richtet sich selbstverständlich neben den fachlichen Aspekten auch an alle, die mich persönlich unterstützen. Ich möchte mich insbesondere bei meinen Freunden und meiner Familie bedanken, die immer an meiner Seite stehen. Danke für euer Verständnis, eure Unterstützung und den Rückhalt, den ihr mir permanent bietet.

Mein Dank richtet sich abschließend von ganzem Herzen an meine Eltern. Danke, dass ihr mich jederzeit auf meinem Weg begleitet und immer für mich da seid.

Kira Weise

Inhaltsübersicht

1 Einleitung...1
2 Calcinierter Ton...5
  2.1 Calcinierung...6
  2.2 Chemische und mineralogische Eigenschaften....................10
  2.3 Puzzolanische Aktivität...14
  2.4 Stand der Forschung zum Reaktionsverhalten....................25
3 Experimentelle Untersuchungen..33
  3.1 Forschungskonzept..33
  3.2 Materialien..37
  3.3 Probenvorbereitung...40
  3.4 Untersuchungsverfahren und Methoden.............................49
4 Reaktionsmodell zur Auswertung von TGA-Ergebnissen der
  R³-Proben..75
5 Untersuchungsergebnisse..83
  5.1 Analyse der Ausgangsstoffe...83
  5.2 Untersuchung der einzelnen Schichten des calcinierten Tons...............88
  5.3 Untersuchung des Reaktionsverhaltens im klinkerfreien System...........93
  5.4 Untersuchung des Reaktionsverhaltens im zementgebundenen
    System...105
6 Diskussion der Ergebnisse..125
  6.1 Untersuchung der einzelnen Schichten des calcinierten Tons.............125
  6.2 Untersuchung des Reaktionsverhaltens im klinkerfreien System.........128
  6.3 Untersuchung des Reaktionsverhaltens im zementgebundenen
    System...133
7 Zusammenfassung und Ausblick...145
Literaturverzeichnis..149
Normen und Standards...153
Anhang...155
  Ergänzende Tabellen...155
  Ergänzende Abbildungen...159

Inhaltsverzeichnis

1   **Einleitung**..1
2   **Calcinierter Ton**...5
  2.1   Calcinierung...6
  2.2   Chemische und mineralogische Eigenschaften......................10
  2.3   Puzzolanische Aktivität..14
      2.3.1   Definition..14
      2.3.2   Einflussfaktoren...16
      2.3.3   Untersuchungsmethoden..17
          2.3.3.1   Direkte Methoden..18
          2.3.3.2   Indirekte Methoden...21
      2.3.4   Weitere Methoden..22
          2.3.4.1   Vergleich der unterschiedlichen Methoden........22
  2.4   Stand der Forschung zum Reaktionsverhalten......................25
      2.4.1   Reaktionsverhalten im klinkerfreien System..................26
      2.4.2   Reaktionsverhalten im zementgebundenen System........30
3   **Experimentelle Untersuchungen**...33
  3.1   Forschungskonzept..33
  3.2   Materialien..37
      3.2.1   Rohton (RT)...38
      3.2.2   Ungemahlener calcinierter Ton (CTS)..........................39
      3.2.3   Gemahlener calcinierter Ton (CT)................................40
      3.2.4   Portlandzement...40
  3.3   Probenvorbereitung...40
      3.3.1   Herstellung der pulverförmigen Ausgangsstoffe...........40
      3.3.2   Probenvorbereitung für Untersuchungen im
          Rasterelektronenmikroskop..42
      3.3.3   Herstellung der Proben für den R³-Test........................44
      3.3.4   Herstellung der Proben für die Löslichkeitsuntersuchungen......45
      3.3.5   Herstellung und Nachbehandlung der Zementleimproben.........47
  3.4   Untersuchungsverfahren und Methoden..............................49
      3.4.1   Thermogravimetrische Analyse (TGA)..........................49
          3.4.1.1   Allgemeine Beschreibung des
              Untersuchungsverfahrens.................................49
          3.4.1.2   Durchführung und Vorversuche zur Festlegung der
              Heizrate...50
          3.4.1.3   Auswertung der Ergebnisse..............................55
      3.4.2   Röntgendiffraktometrie (XRD)....................................65

3.4.2.1 Allgemeine Beschreibung des
Untersuchungsverfahrens...65
3.4.2.2 Durchführung und Auswertung der Ergebnisse............65
3.4.3 Rasterelektronenmikroskop (SEM und EDX)..............................67
3.4.3.1 Allgemeine Beschreibung des
Untersuchungsverfahrens...67
3.4.3.2 Durchführung und Auswertung der Ergebnisse............67
3.4.4 Ionenlöslichkeit...68
3.4.5 R³-Test..68
3.4.5.1 Allgemeine Beschreibung des
Untersuchungsverfahrens...68
3.4.5.2 Durchführung und Auswertung der Ergebnisse............69
3.4.6 Biegezug- und Druckfestigkeit..72
3.4.7 „Tunkversuch"...72
**4 Reaktionsmodell zur Auswertung von TGA-Ergebnissen der
R³-Proben...75**
5 Untersuchungsergebnisse...83
5.1 Analyse der Ausgangsstoffe...83
5.1.1 TGA..83
5.1.2 XRD..86
5.2 Untersuchung der einzelnen Schichten des calcinierten Tons..............88
5.3 Untersuchung des Reaktionsverhaltens im klinkerfreien System.........93
5.3.1 Ionenlöslichkeit...93
5.3.2 R³-Test..96
5.3.3 TGA der Proben des R³-Tests..97
5.4 Untersuchung des Reaktionsverhaltens im zementgebundenen
System..105
5.4.1 Zug- und Druckfestigkeit der Zementleimproben.....................105
5.4.2 TGA der Zementleimproben..109
5.4.3 „Tunkversuch"...118
6 Diskussion der Ergebnisse...125
6.1 Untersuchung der einzelnen Schichten des calcinierten Tons............125
6.2 Untersuchung des Reaktionsverhaltens im klinkerfreien System........128
6.3 Untersuchung des Reaktionsverhaltens im zementgebundenen
System..133
7 Zusammenfassung und Ausblick..145
Literaturverzeichnis..149
Normen und Standards..153
Anhang..155
Ergänzende Tabellen..155
Ergänzende Abbildungen..159

Abbildungsverzeichnis

Abb. 1: Darstellung eines Silicum-Tetraeders und eines Aluminium-Oktaeders...............5

Abb. 2: Kristallstruktur von Kaolinit..............6

Abb. 3: Chemische Zusammensetzung ausgewählter Tongemische.............11

Abb. 4: Chemische Zusammensetzung ausgewählter calcinierter Tone.........12

Abb. 5: Vergleich der chemischen Zusammensetzung eines Rohtons und calcinierten Tons aus Deutschland.........................13

Abb. 6: Übersicht über ausgewählte Methoden zur Bestimmung der Puzzolanität............18

Abb. 7: Zuordnung ausgewählter Testverfahren zu verschiedenen Phasen der puzzolanischen Aktivität............25

Abb. 8: Calciumhydroxidkonsum ausgewählter calcinierter Tone über die Zeit............29

Abb. 9: Grafische Darstellung des Forschungskonzepts............34

Abb. 10: Prozesskette vom Rohton (RT) über den calcinierten Ton als Stück (CTS) zum gemahlenen calcinierten Ton (CT)............37

Abb. 11: Darstellung der Probenbezeichnungen des ungemahlenen calcinierten Tons............38

Abb. 12: Partikelgrößenverteilungen der Ausgangsstoffe RT, CTS und CT......42

Abb. 13: Probenvorbereitung für Untersuchungen im Rasterelektronenmikroskop............43

Abb. 14: Herstellung der alkalischen Emulsion für den R^3-Test............45

Abb. 15: Probenvorbereitung für den R^3-Test............45

Abb. 16: Herstellung der gesättigten Calciumhydroxidlösung............46

Abb. 17: Herstellung der Proben für die Löslichkeitsuntersuchungen............47

Abb. 18: Herstellung der Zementleimproben............48

Abb. 19: Nachbehandlung der Zementleimproben............49

Abb. 20: TGA-Gerät geöffnet (links)............51

Abb. 21: TGA-Gerät Tiegel (rechts)............51

Abb. 22: Lineare Regressionen der charakteristischen Temperatur (RT)........53

Abb. 23: Lineare Regressionen der charakteristischen Temperatur (CT)........53

Abb. 24: DTG-Kurve des Rohtons (RT) bei verschiedenen Heizraten............54

Abb. 25: Vergleich der TG-Kurven (links) von drei Messungen (RT)............55

Abb. 26: Vergleich der DTG-Kurven (rechts) von drei Messungen (RT)..........55

Abb. 27: Vergleich der stufenweisen Methode und der Tangentenmethode....59

Abb. 28: Darstellung der Normierung auf 100 g Bindemittel (t=0).................61

Abb. 29: Darstellung der Basislinie für die Peakanalyse...............................63

Abb. 30: Messdaten DTG normiert auf die Basislinie....................................63

Abb. 31: Peakanalyse exemplarisch (Referenz Zementleim, 1 Tag)................64

Abb. 32: XRD-Gerät geschlossen...66

Abb. 33: XRD-Gerät geöffnet...66

Abb. 34: Probe im XRD-Gerät...66

Abb. 35: Standard-Probenhalter..66

Abb. 36: Rasterelektronenmikroskop..68

Abb. 37: Probekörper auf der Halterung im Rasterelektronenmikroskop.......68

Abb. 38: Durchführung des R^3-Tests und Entnahme der pulverförmigen
Proben (TGA)..71

Abb. 39: Durchführung der Biegezug- und Druckversuche nach 28 Tagen.....72

Abb. 40: Vorbereitung des Probekörpers für den „Tunkversuch"...................73

Abb. 41: Reaktionsmodell der R^3-Proben mit Aceton Nachbehandlung...........78

Abb. 42: Reaktionsmodell der R^3-Proben mit Ofentrocknung bei 105 °C........79

Abb. 43: TGA-Ergebnis Portlandzement CEM I 52.5N..................................84

Abb. 44: TGA-Ergebnisse Rohton (RT), ungemahlener calcinierter Ton
(CTS) und calcinierter Ton (CT)...84

Abb. 45: TGA-Ergebnisse ungemahlener calcinierter Ton (CTS), innere
Schicht von CTS (CTSI) und äußere Schicht von CTS (CTSA)...........86

Abb. 46: BSE-Aufnahme der äußeren Schicht und weiter innen liegenden
Bereichen...89

Abb. 47: Elementanalyse Mapping...89

Abb. 48: BSE-Aufnahme eisenhaltiger Bereich (CTSI)...................................91

Abb. 49: BSE-Aufnahme Bereich 1 (CTSA)...91

Abb. 50: BSE-Aufnahme Bereich 2 (CTSA)...92

Abb. 51: Ionenlöslichkeit RT...93

Abb. 52: Ionenlöslichkeit CTS...93

Abb. 53: Ionenlöslichkeit CTSI..94

Abb. 54: Ionenlöslichkeit CTSA...94

Abb. 55: Ionenlöslichkeit CT...94

Abb. 56: Ionenlöslichkeit Ca...94

Abb. 57: Ionenlöslichkeit Si..94

Abb. 58: Ionenlöslichkeit Al..94

Abb. 59: Ergebnisse des R^3-Tests im Zeitverlauf..97

Abb. 60: Vergleich des CGW-R^3 nach sieben Tagen (R^3-Test und TGA)...........99

Abb. 61: TGA-Ergebnis R³-Probe mit RT nach sieben Tagen..........................100

Abb. 62: TGA-Ergebnis R³-Probe mit CTS nach sieben Tagen........................100

Abb. 63: TGA-Ergebnis R³-Probe mit CT nach sieben Tagen..........................101

Abb. 64: Vergleich des CGW ermittelt mit R³-Test (CGW-R³) und über
TGA-Ergebnisse (CGW) normiert auf 100 g Zusatzstoff..................102

Abb. 65: Konsum Calciumhydroxid nach 7 Tagen (TGA)............................104

Abb. 66: TGA-Ergebnisse der Referenzprobe (R³-Test) ohne Zusatzstoff
(Trocknung 105 °C)...105

Abb. 67: Druckfestigkeit RT...106

Abb. 68: Druckfestigkeit CT...106

Abb. 69: Druckfestigkeiten bezogen auf 100 M.-% Zement.......................107

Abb. 70: Zugfestigkeit RT...108

Abb. 71: Zugfestigkeit CT...108

Abb. 72: „Setzfließmaß" RT...109

Abb. 73: „Setzfließmaß" CT...109

Abb. 74: TG- und DTG-Kurven der Zementleimproben mit CT nach 28
Tagen..109

Abb. 75: TG- und DTG-Kurven der Zementleimproben mit RT nach 28
Tagen..110

Abb. 76: Calciumhydroxidgehalt der Zementleimproben im Zeitverlauf.......110

Abb. 77: Calciumhydroxidgehalt bezogen auf 100 M.-% Zement..................111

Abb. 78: Konsum Calciumhydroxid im Zeitverlauf................................112

Abb. 79: Chemisch gebundenes Wasser der Zementleimproben im
Zeitverlauf..113

Abb. 80: Chemisch gebundenes Wasser bezogen auf 100 M.-% Zement........113

Abb. 81: Peakanalyse exemplarisch (Referenz Zementleim, 1 Tag)..............115

Abb. 82: CSH- und AFt-Phasen der Zementleimproben (Peak I + III)...........116

Abb. 83: CSH- und AFt-Phasen bezogen auf 100 M.-% Zement (Peak I + III)116

Abb. 84: CAH-, CASH- und AFm-Phasen der Zementleimproben (Peak II)....118

Abb. 85: CAH-, CASH- und AFm-Phasen bezogen auf 100 M.-% Zement
(Peak II)..118

Abb. 86: BSE-Aufnahme der Übergangszone der unbearbeiteten
Außenkante CTSA (links, oben) und Zementleim (rechts, unten)....119

Abb. 87: BSE-Aufnahme der Übergangszone der unbearbeiteten
Außenkante CTSA (links) und Zementleim (rechts)........................120

Abb. 88: BSE-Aufnahme zur Übersicht der Übergangszonen von CTS und
Zementleim..121

Abb. 89: BSE-Aufnahme der Übergangszone CTSA (links) und Zementleim
(rechts)..123

Abb. 90: Mapping der Übergangszone CTSA (links) und Zementleim
(rechts)..123

Abb. 91: BSE-Aufnahme der Übergangszone CTSI (links) und Zementleim
(rechts)..124

Abb. 92: Mapping der Übergangszone CTSI (links) und Zementleim
(rechts)..124

Abb. 93: XRD der inneren (CTSI) und äußeren Schicht (CTSA) sowie die
charakteristischen Signale von Gips ($CaSO_4 \cdot 2H_2O$).....................127

Abb. 94: Zusammenhang des CGW-R^3 und dem Calciumhydroxidkonsum
(TGA)..130

Abb. 95: XRD der R^3-Proben mit RT und CT nach sieben Tagen
(Acetonnachbehandlung) sowie die charakteristischen Signale
von Ettringit..133

Abb. 96: Zusammenhang der Druckfestigkeit nach 28 Tagen am
Zementleim und dem Calciumhydroxidkonsum nach 7 Tagen
(TGA mit R^3-Proben)..138

Abb. 97: Zusammenhang der Druckfestigkeit nach 28 Tagen und dem
chemisch gebundenen Wassers im Zementleim (TGA)....................139

Abb. 98: Zusammenhang der Differenz des CGW zur Referenzprobe und
dem Calciumhydroxidkonsum im Zementleim (TGA).......................140

Abb. 99: Zusammenhang des CGW-R^3 nach sieben Tagen und der
Druckfestigkeit an Zementleimproben nach 28 Tagen....................142

Abb. 100: Zusammenhang des CGW-R^3 und dem Calciumhydroxidkonsum
von Zementleimproben nach sieben Tagen......................................143

Abb. 101: DTG-Kurve des calcinierten Tons (CT) bei verschiedenen
Heizraten [%/°C]..159

Abb. 102: Zusammenhang des CGW-R^3 und dem Calciumhydroxidkonsum
(TGA) - vollständig...159

Abb. 103: XRD der inneren (CTSI) und äußeren Schicht (CTSA) sowie die
charakteristischen Signale von Gips ($CaSO_4 \cdot 2H_2O$) – vollständig. .160

Abb. 104: XRD der R^3-Proben mit RT und CT nach sieben Tagen
(Acetonnachbehandlung) sowie die charakteristischen Signale von
Ettringit - vollständig...160

Tabellenverzeichnis

Tab. 1: Calcinierungstemperaturen ausgewählter Literatur (Labor)...............7
Tab. 2: Ausgewählte „optimale" Calcinierungstemperaturen (Labor)............8
Tab. 3: Mineralogische Zusammensetzung ausgewählter Tongemische........12
Tab. 4: Vergleich der mineralogischen Zusammensetzung vor und nach der Calcinierung eines deutschen Tons...............14
Tab. 5: Testverfahren zur puzzolanischen Aktivität anhand ausgewählter Literatur...............27
Tab. 6: Tabellarische Darstellung des Forschungskonzepts...............35
Tab. 7: Übersicht über die Abkürzungen der verwendeten Materialien........35
Tab. 8: Chemische Zusammensetzung des Rohtons [M.-%] 39
Tab. 9: Mineralogische Zusammensetzung des Rohtons und des calcinierten Tons 39
Tab. 10: Chemische Zusammensetzung des calcinierten Tons [M.-%]............40
Tab. 11: Chemische Zusammensetzung des Portlandzementes [M.-%]...........40
Tab. 12: Spezifische Oberflächen der Ausgangsstoffe RT, CTS und CT..........41
Tab. 13: Programm für das Polieren der Probekörper...............44
Tab. 14: Zusammensetzung von 100 g Emulsion für den R^3-Test („R^3-Emulsion")...............45
Tab. 15: Übersicht über die in der Literatur verwendeten Heizraten (TGA)...52
Tab. 16: Temperaturprogramm für die thermogravimetrische Analyse..........55
Tab. 17: Zuordnung ausgewählter Stoffe zu charakteristischen Temperaturbereichen in thermischen Analysen (1/2)...............56
Tab. 18: Zuordnung ausgewählter Stoffe zu charakteristischen Temperaturbereichen in thermischen Analysen (2/3)...............57
Tab. 19: Zuordnung ausgewählter Stoffe zu charakteristischen Temperaturbereichen in thermischen Analysen (3/3)...............58
Tab. 20: Röntgenamorpher Anteil der untersuchten Ausgangsstoffe...............87
Tab. 21: Übersicht über die mittels EDX-Punktanalyse ermittelten Elemente (Schichten)...............92
Tab. 22: Übersicht über die mittels EDX-Punktanalyse ermittelten Elemente...............120
Tab. 23: Übersicht über die Abkürzungen der Materialien in Li et al. 2018. 130
Tab. 24: Konsum Calciumhydroxid bezogen auf das chemisch gebundene Wasser (TGA)...............132

Tab. 25: Übersicht über die chemische Zusammensetzung ausgewählter
Tongemische (1/2)..155

Tab. 26: Übersicht über die chemische Zusammensetzung ausgewählter
Tongemische (2/2)..156

Tab. 27: Gemessene pH-Werte der Proben zur Bestimmung der
Ionenlöslichkeit...156

Tab. 28: Ergebnisse der Versuche zur Ionenlöslichkeit................................157

Tab. 29: Chemisch gebundenes Wasser aus R^3-Test.....................................158

Tab. 30: Vergleich der Ergebnisse des CGW-R^3 (R^3-Test und TGA)................158

Abkürzungsverzeichnis

A	Al_2O_3	Aluminiumoxid
C	CaO	Calciumoxid
CH	$Ca(OH)_2$	Calciumhydroxid
H	H_2O	Wasser
S	SiO_2	Siliciumdioxid

CGW	Chemisch gebundenes Wasser
CGW-R^3	Chemisch gebundenes Wasser ermittelt über den R^3-Test
$m_{x\,°C}$	Masse bei x °C in thermogravimetrischen Analysen [M.-%]
$m^*_{x\,°C}$	Angepasste Masse bei x °C in thermogravimetrischen Analysen (TGA) [M.-%]
$MV_{x\,°C-y\,°C}$	Massenverlust zwischen x °C und y °C in TGA [M.-%]
RT	Raumtemperatur

Kurzfassung

Der jährlich steigende Bedarf an Zement in der Bauindustrie und die damit verbundene Zunahme des Ausstoßes an umweltschädlichem Kohlenstoffdioxid, bedingt durch dessen Herstellung, erfordert die Entwicklung neuartiger Zusatzstoffe mit dem Potenzial zementersetzend verwendet zu werden. In den Fokus der Forschung rückten in den letzten Jahren unter anderem Tone, die durch eine thermische Aktivierung puzzolanische Eigenschaften erlangen, welche sich nutzbringend auf zementgebundene Systeme auswirken können.

Die vorliegende Forschungsarbeit untersucht einen industriell im Drehrohrofen hergestellten calcinierten Ton bezüglich seines Potenzials als Zusatzstoff in zementgebundenen Systemen. Hierfür wurden zum einen Analysen der ungemahlenen calcinierten Tonstücke durchgeführt, welche insbesondere Informationen über optisch klar zu erkennende Schichten liefern. Zum anderen stehen Untersuchungen über das Reaktionsverhalten des betrachteten calcinierten Tons verglichen mit dem Rohton im klinkerfreien und zementgebundenen System im Fokus dieser Studie. Als Methoden wurden zum einen der R^3-Test sowie Untersuchungen der Löslichkeit und der Festigkeit ausgewählt. Zum anderen wurden thermogravimetrische (TGA), röntgendiffraktometrische (XRD) sowie rasterelektronenmikroskopische Analysen (SEM / EDX) durchgeführt.

Die vorliegende Arbeit stellt zudem ein Reaktionsmodell von puzzolanisch reagierenden Stoffen in Verbindung mit Wasser und Calciumhydroxid zur Berechnung und Normierung von Ergebnissen aus thermogravimetrischen Analysen vor. Bezüglich der Bewertung des Reaktionsverhaltens von puzzolanischen Zusatzstoffen konnte gezeigt werden, dass die Bestimmung des Calciumhydroxidkonsums im Vergleich zum Gehalt an chemisch gebundenem Wasser wesentlich robuster ist, bezogen auf die zwei untersuchten Nachbehandlungsmethoden (Acetonnachbehandlung und Trocknung bei 105 °C).

Ein weiteres Ziel dieser Arbeit ist der Vergleich des mit einfachen Mitteln durchzuführenden R^3-Tests zur Bestimmung des chemisch gebundenen Wassers durch einen Zusatzstoff im klinkerfreien System mit umfangreicheren Untersuchungsmethoden. Zumindest für erste vergleichende Einschätzungen der puzzolanischen Aktivität unterschiedlicher Materialien konnte dieser Test als gutes Verfahren bewertet werden. In den Ausführungen dieser Arbeit werden jedoch auch ausführlich Grenzen des R^3-Tests diskutiert.

Die Ergebnisse der vorliegenden Arbeit zeigen, dass die Unterschiede der Schichten der calcinierten Tonstücke auf Temperaturgradienten im Material bei der Calcinierung zurückzuführen sind. Zudem konnte in der äußeren Schicht Gips nachgewiesen werden, welches nach der thermischen Aktivierung vermutlich durch Luftfeuchtigkeit entsteht.

Während die Zugabe von Rohton in zementgebundene Systeme vornehmlich physikalische Effekte auslöst, die ihn als ungeeigneten Zusatzstoff klassifizieren, zeigte der untersuchte calcinierte Ton puzzolanische Eigenschaften, insbesondere beurteilt durch den Verbrauch von Calciumhydroxid im klinkerfreien und zementgebundenen System. Das Reaktionsverhalten des calcinierten Tons im klinkerfreien System wird, basierend auf den vorliegenden Daten, zwischen dem von Flugasche und Hüttensand eingeschätzt, was k-Werte von 0.4 bis 0.6 rechtfertigen würde. Der positive Einfluss des calcinierten Tons auf die Druckfestigkeit von Zementleim wird nach den Ergebnissen dieser Studie vorwiegend auf physikalische Effekte zurückgeführt.

Abstract

The annually increasing demand for cement in the construction industry and the associated increase in the emission of environmentally harmful carbon dioxide, caused by its production, requires the development of novel additives with the potential to be used as cement substitutes. In recent years, research has focused on clays which, through thermal activation, achieve pozzolanic properties which can have a beneficial effect on cement-bound systems.

This research project investigates the potential of calcined clay produced industrially in a rotary kiln to be used as an additive in cementitious systems. For this purpose, analyses of the unground calcined clay pieces were carried out, which in particular provide information on layers that can be clearly seen optically. On the other hand, investigations of the reaction behaviour of the calcined clay under consideration compared to the raw clay in the clinker-free and cement-bound system are the main focus of this study. The R^3-test as well as solubility and strength tests were selected as investigation methods. Additionally, thermogravimetric (TGA), X-ray diffractometric (XRD) and scanning electron microscopic analyses (SEM / EDX) were performed.

The present work also presents a reaction model of pozzolanic materials in combination with water and calcium hydroxide for the calculation and standardization of results from thermogravimetric analyses. With regard to the evaluation of the reaction behaviour of pozzolanic additives, it could be shown that the determination of calcium hydroxide consumption is much more robust compared to the content of chemically bound water regarding changes in the two investigated aftertreatment methods (acetone aftertreatment and drying at 105 °C).

A further aim of this work was the comparison of the R^3-test, to be carried out by simple means, for the determination of the chemically bound water by an additive in the clinker-free system with further investigation methods. At least for first comparative estimations of the pozzolanic activity of different materials this test could be evaluated as a good method. However, the limitations of the R^3-test are also discussed in this thesis.

The results of the present work show that the differences in the layers of the calcined clay pieces are due to temperature gradient in the material during calcination. In addition, gypsum could be detected in the outer layer, which is presumably caused by air humidity after calcination.

While the addition of raw clay to cement-bound systems primarily leads to physical effects, which classify it as an unsuitable additive, the calcined clay showed pozzolanic properties, in particular judged by the consumption of calcium hydroxide in the clinker-free and cement-bound system. The reaction behaviour of the calcined clay in the clinker-free system is estimated, based on the available data, between that of fly ash and blastfurnace slag, which would justify k-values of 0.4 to 0.6. According to the results of this study, the positive influence of calcined clay on the compressive strength of cement paste is mainly attributed to physical effects.

1 Einleitung

Beton ist seit geraumer Zeit der am häufigsten verwendete Baustoff weltweit. Aufgrund der permanent steigenden Nachfrage an der Errichtung von Bauwerken wächst international stetig der Bedarf an Zement als notwendiges Bindemittel in dem Kompositwerkstoff. Die Produktion von Zement trägt jedoch prozessbedingt in erheblichem Maße zur umweltschädlichen Emission von Kohlenstoffdioxid (CO_2) bei. Neben dem energetischen CO_2-Ausstoß zum Brennen der Rohstoffe Kalkstein und Ton bei etwa 1500 °C entweicht zudem eine erhebliche Menge an Kohlenstoffdioxid bei der Umwandlung von Kalkstein (Calciumcarbonat) zu Calciumoxid. Die Produktion von einer Tonne Zement bewirkt den Ausstoß von rund 590 kg[1] Kohlenstoffdioxid. Bei einer jährlichen Zementproduktion von etwa 4110 Millionen Tonnen (im Jahr 2018)[2] entspricht dies circa sieben Prozent der weltweiten, menschlich bedingten CO_2-Emissionen[3].

Von besonderem Interesse sind folglich Zementersatzstoffe, welche ausreichend verfügbar sind und deren Herstellung umweltfreundlicher gestaltet werden kann. In den Fokus der Untersuchungen rückte in den letzten Jahren unter anderem Ton, der durch eine thermische Aktivierung bei wesentlich geringeren Temperaturen als bei der Zementherstellung puzzolanische Eigenschaften erlangt, die nutzbringend in zementgebundenen Systemen Verwendung finden können. Der wesentlich geringere CO_2-Ausstoß bei der Herstellung von sogenanntem calciniertem Ton liegt zudem in einem geringen Gehalt an Calciumcarbonat begründet. Bei der Herstellung von einer Tonne calciniertem Ton fallen lediglich 22 kg CO_2 an (Thienel und Beuntner 2012).

Einige Studien der letzten Jahre zeigen, dass calcinierter Ton zementersetzend mit Austauschraten von bis zu 30 M.-% ohne Festigkeitseinbußen verwendet werden kann (Tironi et al. 2013, S. 326). Zudem kann der Einsatz von calciniertem Ton in zementgebundenen Baustoffen weitere positive Effekte, wie beispielsweise eine verbesserte Dauerhaftigkeit durch eine feinere Porenstruktur, bewirken (Donatello et al. 2010, S. 121). Vorteilhaft für eine flächendeckende internationale Verwendung des Materials spricht, dass der Ausgangsstoff Ton weltweit reichlich verfügbar ist. Teure und energieintensive Transporte könnten durch die Produktion vor Ort und die Verwendung lokaler Ressourcen entfallen. Als

---

[1] https://www.holcim.ch/de/massnahmen-zur-verminderung-von-emissionen: 30.05.2019.

[2] https://de.statista.com/statistik/daten/studie/153695/umfrage/produktion-von-zement-nach-laendern/: 30.05.2019.

[3] https://www.volker-quaschning.de/datserv/CO2/index.php: 30.05.2019.

© Springer Fachmedien Wiesbaden GmbH, ein Teil von Springer Nature 2020
K. Weise, *Über das Potenzial von calciniertem Ton in zementgebundenen Systemen*, Werkstoffe im Bauwesen | Construction and Building Materials, https://doi.org/10.1007/978-3-658-28791-7_1

nachteilig ist jedoch zu erwähnen, dass der weltweit verfügbare Ton in seiner jeweiligen Zusammensetzung stark variiert und infolgedessen die positiven Effekte der bislang untersuchten Materialien nicht pauschal auf jegliche Tone übertragen werden können.

Für die Beurteilung, ob Zusatzstoffe für den Ersatz des, in der Herstellung umweltschädlichen, Zementes in Frage kommen, werden unterschiedliche Untersuchungsverfahren verwendet. Neben der Realisierung eines geringeren CO_2-Ausstoßes bei der Herstellung eines potenziellen Zementersatzstoffes ist das Verständnis über das Verhalten des Materials in zementgebundenen Systemen von besonderer Relevanz. Nur wenn der Einfluss des Zementersatzstoffes auf den Kompositwerkstoff bekannt ist, können qualitativ hochwertige, umweltfreundlichere und für den jeweiligen Anwendungsfall geeignete Betone hergestellt werden. Diesbezüglich ist insbesondere die Kenntnis des Reaktionsverhaltens der potentiellen Zementersatzstoffe von grundlegender Bedeutung.

Das Ziel der vorliegenden Forschungsarbeit ist es, einen in Deutschland industriell hergestellten calcinierten Ton mit einer Kombination verschiedener Untersuchungsverfahren bezüglich seines Potenzials zur Verwendung als Zementersatzstoff, insbesondere anhand des Reaktionsverhaltens, zu beurteilen.

Beginnend werden im theoretischen Teil zunächst bekannte Eigenschaften calcinierter Tone sowie die Reaktionsmechanismen puzzolanisch reagierender Stoffe allgemein und anhand des aktuellen Forschungsstandes erläutert. Außerdem wird ein Überblick über die in der Literatur gängigen Untersuchungsverfahren zur Beurteilung des Reaktionsverhaltens von puzzolanen Zusatzstoffen in zementgebundenen Systemen gegeben.

Das dritte Kapitel bezieht sich auf die experimentellen Untersuchungen der vorliegenden Arbeit und beschreibt diesbezüglich das der Arbeit zugrunde liegende Forschungskonzept, die verwendeten Materialien, die Probenvorbereitung sowie die gewählten Untersuchungsmethoden. Das Forschungskonzept besteht neben einer vorausgehenden Analyse der Ausgangsstoffe aus zwei Forschungsfragen. Zum einen werden verschiedene Schichten, welche an dem ungemahlenen calcinierten Ton optisch zu erkennen sind, mithilfe eines Rasterelektronenmikroskops untersucht. Zum anderen wird das Reaktionsverhalten der betrachteten Materialien analysiert. Um grundlegende Mechanismen zunächst unabhängig von der Interaktion mit Zement zu verstehen, wurden Untersuchungen im klinkerfreien (alkalischen) System durchgeführt. Daran anschließend wurden Analysen im zementgebundenen System vollzogen, welche Erkenntnisse über die Interaktion beider Materialien liefern. Für die Beurteilung des Reaktionsverhaltens der Materialien wurden Untersuchungen der Ionenlöslichkeit, thermogravimetrische Analysen, der R^3-Test sowie Versuche zur Bestimmung der Festigkeit durchgeführt. Außerdem wurde ein Versuch entwickelt, der die Analyse der Interaktion der Schichten des calcinierten Tons mit Zementleim ermöglicht. Neben dem primären Ziel, das Reaktionsverhalten des calcinierten Tons mithilfe unterschiedlicher Verfahren zu beurteilen, lag das Augenmerk der vorliegenden Arbeit zusätzlich auf dem Vergleich der verschiedenen verwendeten Analysemethoden.

Für die Auswertung der thermogravimetrischen Messungen von Proben, welche neben dem zu untersuchenden Stoff Calciumhydroxid und Wasser enthalten, wurde ein Modell entwickelt, welches im Anschluss zum Teil für die Berechnung und Normierung der Messdaten verwendet wurde. Die detaillierte Beschreibung des Reaktionsmodells sowie die Formeln zur Berechnung sind in Kapitel 4 zu finden.

Im fünften Kapitel werden die Ergebnisse der Untersuchungen jeweils bezüglich des untersuchten Forschungsziels präsentiert und detailliert erläutert. Eine ganzheitliche Diskussion der Thematik ist in dem daran anschließenden Kapitel zu finden. In Kapitel 7 werden die bedeutendsten Ergebnisse der vorliegenden Arbeit abschließend zusammengefasst und die Arbeit mit einem Ausblick auf weitere erforderliche Forschungstätigkeiten abgerundet.

2 Calcinierter Ton

Unter dem Begriff calcinierter Ton werden thermisch aktivierte Tone verschiedener Art zusammengefasst. Die natürlich vorkommenden Tongemische bestehen aus verschiedenen Schichtsilikaten, wie beispielsweise Kaolinit, Illit und Glimmer, aus inerten Teilen, wie zum Beispiel Quarz und Feldspat, sowie aus geringen Anteilen an Carbonaten, Sulfaten und Eisensulfiden. Die Zusammensetzung kann regional sehr unterschiedlich ausfallen. Schichtsilikate sind aus Silicium-Tetraedern (SiO_4) und Aluminium- (AlO_6) bzw. Magnesium-Oktaedern (MgO_6) aufgebaut. Diese Bausteine sind jeweils in Schichten angeordnet, welche den Schichtsilikaten ihren Namen verleihen. Häufig sind an den Tetraedern und Oktaedern bzw. zwischen den Schichten Hydroxylgruppen (OH^--Ionen) bzw. Wassermoleküle (H_2O) eingebaut. Abhängig von ihrer Struktur lassen sie sich in Zweischichtsilikate (z. B. Kaolinit), Dreischichtsilikate (z. B. Glimmer, Illit) und Vierschichtsilikate (z. B. Chlorit) einteilen. (Beuntner 2017, S. 5–9)

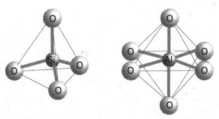

Abb. 1:   Darstellung eines Silicum-Tetraeders und eines Aluminium-Oktaeders (Eigene Darstellung nach Scheffer und Schachtschabel 2018, S. 14)

Bei der thermischen Aktivierung von Schichtsilikaten werden Hydroxylgruppen von den Schichten abgespalten. Dieser Prozess wird als Dehydroxylierung bezeichnet. Folglich wird der thermische Aktivierungsgrad der Schichtsilikate von der Lage und Anzahl der Hydroxylgruppen in den Tetra- und Oktaederschichten bestimmt. Kaolinit beispielsweise ist als Zweischichtsilikat jeweils aus einer Silicium-Tetraeder- (SiO_4) und einer Aluminium-Oktaeder-Schicht (AlO_6) aufgebaut. An den äußeren Enden der Oktaeder befinden sich Hydroxylgruppen (Abb. 2). Diese sind frei zugänglich und lassen sich schon bei vergleichsweise geringen Temperaturen abspalten. Demgegenüber befinden sich die Hydroxylgruppen von Dreischichtsilikaten zwischen den Silicium-Tetraedern und benötigen mehr Energie bei der thermischen Aktivierung. Die Abspaltung von Hydroxylgruppen bewirkt eine Umordnung der Struktur und infolgedessen eine Erhöhung des amorphen Anteils im Material. (Beuntner 2017, S. 11–15)

© Springer Fachmedien Wiesbaden GmbH, ein Teil von Springer Nature 2020
K. Weise, *Über das Potenzial von calciniertem Ton in zementgebundenen Systemen*, Werkstoffe im Bauwesen | Construction and Building Materials, https://doi.org/10.1007/978-3-658-28791-7_2

Unter dem Begriff **Dehydroxylierung** wird die Abspaltung von Hydroxylgruppen (OH⁻-Ionen) bei der thermischen Aktivierung von Schichtsilikaten verstanden. Bei diesem Prozess findet eine Umordnung der Struktur von kristallinen in amorphe Phasen statt. (Beuntner 2017, S. 11)

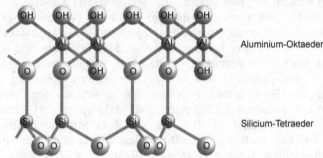

Abb. 2:   Kristallstruktur von Kaolinit (Eigene Darstellung nach Okrusch und Matthes 2014, S. 170)

Für die Verwendung im Bauwesen sind vor allem Tongemische aufgrund ihrer weltweiten Verfügbarkeit von besonderer Bedeutung. Sie lassen sich bei Temperaturen von etwa 550 °C bis 950 °C thermisch aktivieren. Der dabei entstehende calcinierte Ton kann, je nach Material, puzzolanische Eigenschaften aufweisen, welche in zementgebundenen Systemen vorteilhaft genutzt werden können. Das Reaktionsverhalten calcinierter Tone ist von einer Vielzahl an Faktoren, wie beispielsweise der Art, dem Anteil und der Struktur der Schichtsilikate, insbesondere der Anordnung der Aluminium- und Siliciumionen, sowie dem Calcinierungsverfahren, abhängig. (Beuntner 2017, S. 10)

2.1 Calcinierung

Zur Herstellung von calciniertem Ton wird Rohton thermisch aktiviert. Dieser Prozess wird als Calcinierung bezeichnet und es stehen dafür verschiedene Verfahren zur Verfügung. In der Literatur wird zwischen der Calcinierung im Labor und im industriellen Maßstab unterschieden.

Der Begriff **Calcinierung** beschreibt die thermische Aktivierung von Tonen bzw. Tongemischen.

Die Calcinierung im Labor kann über Muffelöfen, Labor-Drehrohröfen (Ferraz et al. 2015) oder Labor-Flash-Calcinierer erfolgen. Das in der Literatur am weitesten verbreitete Verfahren ist jedoch die Calcinierung im Muffelofen. Der Rohton wird vor der thermischen Aktivierung in der Regel getrocknet und fein gemahlen, damit das Material möglichst homogen erhitzt werden kann. Die Calcinierungstemperatur zum Erreichen der maximalen Reaktivität des calcinierten Tons variiert sehr stark mit der Art, dem Gehalt und der Struktur der verschiedenen Bestandteile des Rohtons. Eine Übersicht über ausgewählte, in der Literatur untersuchte Calcinierungstemperaturen im Muffelofen an unterschiedlichen Rohtonen ist Tabelle 1 zu entnehmen. Die Verweildauer der Proben in den Öfen beträgt in der gesichteten Literatur zwischen fünf Minuten und zwei Stunden. Die Untersuchungen von DANNER und JUSTNES zeigten, dass eine kürzere Verweildauer im Ofen von 30 Minuten, verglichen mit zwei Stunden, ab Temperaturen von etwa 550 °C eine etwas höhere Reaktivität des Materials gemessen am Calciumhydroxidverbrauch bewirkt (Danner und Justnes 2018, S. 9). Die Abnahme der puzzolanischen Aktivität bei einer längeren Verweildauer kann möglicherweise durch Rekristallisationsprozesse erklärt werden.

Tab. 1: Calcinierungstemperaturen ausgewählter Literatur (Labor)

Calcinierungs-temperatur [°C]	Verweildauer	Art des Rohtons	Quelle
600, 720, 770, 820, 1000	1 Stunde	Tongemisch	(Beuntner und Thienel 2015)
800	1 Stunde	Tongemische	(Avet et al. 2016)
750, 850	1 Stunde	Tongemische	(Almenares et al. 2017)
400 – 1100	30 Minuten, 2 Stunden	Tongemische	(Danner und Justnes 2018)
500 – 1300	5 Minuten, 30 Minuten	Tongemische	(Schulze und Rickert 2019)
600, 800	1 Stunde	Kaolinit, Illit und Montmorillonite	(Fernandez et al. 2011)
500, 700, 800, 900	2 Stunden	Kaolinit, Illit und Smectit	(Hollanders et al. 2016)
770 (Illit), 800 (Muskovit)	30 Minuten	Illit und Muskovit	(Scherb et al. 2018)

Das Verhalten des Materials bei verschiedenen Calcinierungstemperaturen sowie unterschiedlichen Verweildauern ist sehr von der mineralogischen Zusammensetzung sowie weiteren Eigenschaften des Rohtons, wie beispielsweise der

Partikelgröße, abhängig. Die anhand ausgewählter Literatur identifizierten „optimalen" Calcinierungstemperaturen liegen für verschiedene nahezu reine Tone[4] bzw. Tongemische[5] in einem Bereich von 600 °C bis 900 °C (vgl. Tab. 2).

Tab. 2:   Ausgewählte „optimale" Calcinierungstemperaturen (Labor)

„Optimale" Calcinierungs-temperatur [°C]	Art des Rohtons	Entscheidungsgrundlage	Quelle
650	Kaolinit	Mörteldruckfestigkeit (28 Tage)	(He et al. 1995)
830	Montmorillonite	Mörteldruckfestigkeit (28 Tage)	(He et al. 1995)
700	Tongemisch	Ionenlöslichkeit (Si, Al)	(Beuntner und Thienel 2015)
800	Smectit	Calciumhydroxidkonsum (TGA)	(Hollanders et al. 2016)
900	Illit	Calciumhydroxidkonsum (TGA)	(Hollanders et al. 2016)
770	Illit	TGA, Ionenlöslichkeit (Si, Al)	(Scherb et al. 2018)
800	Muskovit	TGA, Ionenlöslichkeit (Si, Al)	(Scherb et al. 2018)
600 - 800	Tongemische	Calciumhydroxidkonsum (TGA)	(Danner und Justnes 2018)

Die Calcinierung im industriellen Maßstab wurde von BEUNTNER und THIE-NEL sowie von ALMENARES et al. im Drehrohrofen untersucht (Almenares et al. 2017; Beuntner und Thienel 2015). Hierfür wurden Drehrohröfen, die normalerweise für die Zementproduktion verwendet werden, an die veränderten Ansprüche der Herstellung von calciniertem Ton angepasst.

ALMENARES et al. untersuchten den Einfluss von verschiedenen Parametern, wie der Temperatur, der Verweildauer und der Drehgeschwindigkeit des Ofens, auf die Eigenschaften des calcinierten Tons. Die Reaktivität des calcinierten Tons wurde jeweils mithilfe der Mörteldruckfestigkeit und kalorimetrischen Messungen beurteilt. Die gewonnenen Ergebnisse von diesen Proben wurden

---

4   Als reine Tone werden in dieser Arbeit Tone bezeichnet, welche vorwiegend aus einem Tonmineral bestehen.
5   Als Tongemische werden in dieser Arbeit Tone bezeichnet, welche aus verschiedenen Tonmineralen zu unterschiedlichen Anteilen zusammengesetzt sind.

mit denjenigen verglichen, die für das entsprechende Setup durch eine Calcinierung im Labor vorhergesagt wurden. Die Vorhersagen des Reaktionsverhaltens von industriell calcinierten Tonen über Laborwerte liefern gute Übereinstimmungen. (Almenares et al. 2017) Auch BEUNTNER und THIENEL verglichen die industriell calcinierten Tone mit denjenigen, die im Labor calciniert wurden. In ihren Untersuchungen zeigten die industriell in einem Drehrohrofen calcinierten Tone ein breiteres „optimales" Temperaturspektrum und eine etwas geringere Reaktivität gemessen an der Ionenlöslichkeit von Aluminium- und Siliciumionen in einem alkalischen Medium. Die „optimale" Calcinierungstemperatur im Drehrohrofen stellte sich, bezogen auf die erreichte Mörteldruckfestigkeit und die Ionenlöslichkeit, bei einer Temperatur von 750 °C ein. (Beuntner und Thienel 2015) Beide Forschungsteams konnten zeigen, dass sich durch eine prozessual optimierte Calcinierung im Drehrohrofen calcinierte Tone mit puzzolanischen Eigenschaften für die Verwendung als Zusatzstoff in zementgebundenen Systemen herstellen lassen. Jedoch ist die Calcinierung des Rohtons im industriellen Maßstab wesentlich komplexer und die Einflussfaktoren lassen sich schwerer separat betrachten.

Eine Calcinierung des Rohtons in Flash-Calcinierern wäre ebenfalls denkbar. Im Gegensatz zur thermischen Aktivierung im Drehrohrofen bzw. im Muffelofen wird der fein gemahlene Rohton bei der Flash-Calcinierung nur eine sehr kurze Zeit (unter einer Sekunde) der entsprechenden Temperatur ausgesetzt (Beuntner 2017, S. 13). Untersuchungen von RASMUSSEN et al. zeigen, dass durch die Flash-Calcinierung reaktivere Materialien, gemessen an der Mörteldruckfestigkeit und dem Konsum von Calciumhydroxid, hergestellt werden können (Rasmussen et al. 2015). Auch SALVADOR konnte für calcinierten Kaolinit, der durch eine Flash-Calcinierung hergestellt wurde, gleichwertige oder höhere Reaktivitäten mithilfe von Druckfestigkeitsprüfungen und dem Chapelle-Test nachweisen, im Vergleich zu Calcinierungsverfahren mit längeren Verweildauern (Salvador 1995).

RASMUSSEN et al. zeigen, dass die Flash-Calcinierung eine stärkere Unordnung der Struktur im Material bewirkt als Calcinierungsverfahren mit einer längeren Verweildauer. Zudem weisen die Ergebnisse darauf hin, dass bei der Flash-Calcinierung durch die schnelle Erwärmung das Schmelzen und die Rekristallisation von im Rohton enthaltenen Phasen verhindert wird und somit mehr reaktive Komponenten im calcinierten Ton enthalten sind. (Rasmussen et al. 2015, S. 156-157)

Eine weitere mögliche Erklärung für die höhere Reaktivität von calciniertem Ton aus Flash-Calcinierern ist, dass das Material bei diesem Verfahren gleichmäßiger aktiviert wird. Insbesondere verglichen mit Ton, der im Drehrohrofen calciniert wird und dabei unterschiedlichen Temperaturen in längeren Zeitspannen ausgesetzt wird, ist es denkbar, dass sich die Calcinierungsgrade von inneren und äußeren Bereichen des Materials unterscheiden. Die Untersuchung dieser Thematik ist ein wichtiger Bestandteil der vorliegenden Arbeit und wird in den nachfolgenden Kapiteln näher beschrieben.

2.2 Chemische und mineralogische Eigenschaften

Die chemischen und mineralogischen Eigenschaften calcinierter Tone sind erheblich von der Zusammensetzung der verwendeten Rohtone und dem Calcinierungsverfahren bzw. den diesbezüglich gewählten Parametern abhängig. Nachfolgend werden die chemischen und mineralogischen Eigenschaften von ausgewählten Rohtonen und calcinierten Tonen exemplarisch dargestellt und deren Besonderheiten erläutert. Die Beschränkung auf Tongemische anstelle von reinen Tonen in der vorliegenden Arbeit resultiert aus der wesentlich größeren Relevanz von Tongemischen für die Verwendung als Zusatzstoff im Bauwesen.

Chemisch betrachtet bestehen natürliche Tongemische hauptsächlich aus Silicium- und Aluminiumoxid sowie geringeren Mengen an Eisenoxid. Weitere Bestandteile können Calcium-, Magnesium- und Kaliumoxid sein. Abbildung 3 zeigt eine Übersicht über 21 Tongemische, welche für unterschiedliche Untersuchungen in der Literatur verwendet wurden. Darin enthalten sind 16 unterschiedliche deutsche Tone (Beuntner und Thienel 2015; Schulze und Rickert 2019), zwei aus Argentinien (Tironi et al. 2014) und jeweils einer aus Kolumbien (Almenares et al. 2017), Portugal und Dänemark (Danner und Justnes 2018). Die einzelnen Werte sind in den Tabellen 25 und 26 im Anhang zu entnehmen. Die separierte Betrachtung der ausgewählten deutschen Tongemische im Vergleich zu den Tonen der restlichen Herkunftsländer zeigt, dass die in Deutschland abgebauten Tone tendenziell einen etwas geringen Anteil an Aluminiumoxid aufweisen und demgegenüber mehr sonstige Bestandteile enthalten. Diese länderbezogene Erkenntnis besitzt aufgrund des geringen Stichprobenumfangs keine Allgemeingültigkeit. Es wird jedoch ersichtlich, dass selbst die Zusammensetzungen von verschiedenen Tongemischen, welche in dem selben Land abgebaut werden, Streuungen unterliegen.

Die in Abbildung 3 dargestellten Mittelwerte der Zusammensetzungen von Tongemischen aus Argentinien, Kolumbien, Portugal und Dänemark weichen nicht erheblich von denen der deutschen Tone ab, sodass der Einbezug von einer größeren Anzahl an Tongemischen aus Deutschland für einen Überblick über diese Thematik als unproblematisch angesehen wird.

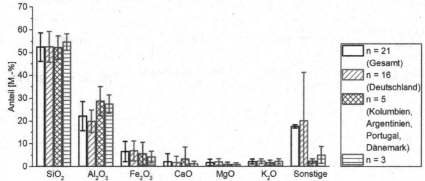

Abb. 3:   Chemische Zusammensetzung ausgewählter Tongemische im Mittel (positive und negative Standardabweichung)

Während die für die übersichtliche Darstellung dieser Arbeit ausgewählten Tongemische in ihrer chemischen Zusammensetzung, insbesondere in den Hauptbestandteilen, nicht sehr stark voneinander abweichen, weist die mineralogische Zusammensetzung erhebliche Unterschiede auf. Tabelle 3 zeigt exemplarisch eine Gegenüberstellung von drei verschiedenen Tongemischen aus Deutschland, Portugal und Argentinien. Die chemische Zusammensetzung derselben Tongemische ist als Mittelwert in Abbildung 3 zu sehen und mit n = 3 beschriftet. Obwohl die drei Tongemische ähnliche chemische Zusammensetzungen aufweisen, sind erhebliche Differenzen in dem Gehalt der unterschiedlichen enthaltenen Tonminerale zu erkennen. Dies ist ein bedeutender Aspekt, da die mineralogische Zusammensetzung des Rohtons entscheidend die Eigenschaften des calcinierten Tons bestimmen.

Auch an dieser Stelle können die Angaben nicht stellvertretend für alle Tongemische der Herkunftsländer verstanden werden. Selbst in einem Land kann die mineralogische Zusammensetzung der Rohtone extrem variieren, wie DANNER in seiner Dissertation an fünf portugiesischen Tonen zeigt. Alleine der Kaolinitanteil, welcher erheblich das puzzolanische Verhalten des calcinierten Tons bestimmt, variiert in seinen Untersuchungen zwischen 1.0 M.-% und 46.7 M.-%. (Danner 2013, S. 50)

Die Calcinierung von Tonen ändert ihre chemischen Zusammensetzungen nicht wesentlich. Die Hauptbestandteile von calciniertem Ton sind, analog zum Rohton, Silicium- und Aluminiumoxid sowie geringere Mengen an Eisenoxid. Abbildung 4 zeigt beispielhaft die Zusammensetzungen von acht verschiedenen calcinierten Tonen, darunter vier aus Amerika, drei aus Asien (Avet et al. 2016, S. 2) und einem aus Deutschland (Beuntner 2017, S. 42).

Tab. 3:   Mineralogische Zusammensetzung ausgewählter Tongemische (Angaben in M.-%)

Herkunfts-land	Deutschland	Portugal	Argentinien
Quelle	(Beuntner und Thienel 2015)	(Danner und Justnes 2018)	(Tironi et al. 2014)
Kaolinit	25	47	76
Illit	11	-	3
Chlorit	6	-	-
Quarz	18	18	15
Feldspat	5	34	-
Calcit	3	-	-
Glimmer	30	2	-
Sonstige	2	-	6

Die mineralogische Zusammensetzung hingegen ändert sich durch den Calcinie-rungsprozess erheblich und ist in hohem Maße von den Calcinierungsbedingun-gen abhängig. BEUNTNER und THIENEL konnten zeigen, dass die mineralogi-sche Zusammensetzung von calcinierten Tonen zudem bei verschiedenen Partikelgrößen des verwendeten Rohmaterials Unterschiede aufweist (Beuntner und Thienel 2015, S. 4).

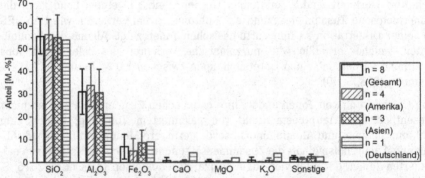

Abb. 4:   Chemische Zusammensetzung ausgewählter calcinierter Tone im Mittel (positi-ve und negative Standardabweichung)

Beispielhaft sollen an dieser Stelle mithilfe der Eigenschaften des von BEUNT-NER und THIENEL verwendeten Tons die Unterschiede in den chemischen und mineralogischen Eigenschaften vor und nach der Calcinierung aufgezeigt werden (Beuntner und Thienel 2015). Der Vergleich der chemischen Zusammensetzung ist in Abbildung 5 dargestellt. Es wird deutlich, dass sich die Zusammensetzung durch den Calcinierungsprozess nicht wesentlich ändert. Die geringfügigen Erhöhungen der Gehalte an Silicium-, Aluminium- und Eisenoxid können auf etwaige Ungenauigkeiten bei den Messungen und Schwankungen im Material zurückgeführt werden. Die Erhöhung der Hauptbestandteile wäre ebenfalls dadurch zu begründen, dass durch die Calcinierung Wasser aus den Zwischenschichten der Tonminerale abgegeben wird, sodass die Gesamtmasse sinkt und infolgedessen der prozentuale Anteil der enthaltenen Oxide steigt (vgl. Abb. 5). Der etwas höhere Gehalt an Calciumoxid könnte auf den Zerfall von Calciumcarbonat in Calciumoxid und Kohlenstoffdioxid bei Temperaturen von etwa 600 °C bis 900 °C zurückzuführen sein (Weise 2018, S. 131).

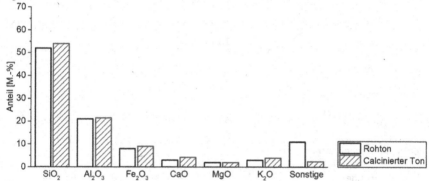

Abb. 5: Vergleich der chemischen Zusammensetzung eines Rohtons und calcinierten Tons aus Deutschland (Beuntner 2017, S. 42; Beuntner und Thienel 2015, S. 2)

Bei der Dehydroxylierung, welche bei der Calcinierung die Umwandlung von kristallinen in amorphe Phasen bewirkt, wird Wasser (bzw. Hydroxylgruppen), das in und / oder an den Schichten der Schichtsilikate gebunden ist, gelöst. Dieser Verlust von Wasser könnte den geringen Anteil an sonstigen Bestandteilen nach der Calcinierung erklären, falls das Wasser (bzw. Hydroxylgruppen) an dieser Stelle erfasst wird.

Mineralogisch gesehen verändert sich der Rohton bei der Calcinierung erheblich. Tabelle 4 zeigt eine Gegenüberstellung des Rohtons und des calcinierten Tons. Der Vergleich zeigt, dass sich die kristallinen Phasen der Tonminerale Kaolinit, Illit, Chlorit und Glimmer hauptsächlich in amorphe Bestandteile umwandeln. Der röntgenamorphe Anteil des von BEUNTNER und THIENEL untersuchten calcinierten Tons beträgt knapp 60 M.-%. Der Gehalt an Quarz bleibt nach der Calcinierung unverändert. Das im Rohton enthaltene Calciumcarbonat (Calcit) ist nach der thermischen Aktivierung nicht mehr enthalten. Dies lässt sich vermutlich analog zu dem obig beschriebenen Zerfall von Calciumcarbonat bei der Calcinierung erklären. Der Gehalt an Feldspat hingegen steigt um drei Massenprozent, was dadurch erklärt werden kann, dass die Gesamtmasse durch die Abspaltung von Wasser bei der Calcinierung sinkt und infolgedessen ein gleich bleibender Anteil prozentual größer wird.

Tab. 4:   Vergleich der mineralogischen Zusammensetzung vor und nach der Calcinierung eines deutschen Tons

(Beuntner 2017, S. 39–42)	Rohton [M.-%]	Calcinierter Ton [M.-%]
Kaolinit	25	-
Illit	11	4
Chlorit	6	-
Quarz	18	18
Feldspat	5	8
Calcit	3	-
Glimmer	30	4
Röntgenamorpher Anteil	-	59
Sonstige	2	6

2.3 Puzzolanische Aktivität

2.3.1 Definition

Durch den Calcinierungsprozess kann der Ton puzzolanische Eigenschaften erhalten, die in zementgebundenen Systemen vorteilhaft genutzt werden können.

Puzzolane sind „natürliche Stoffe mit kieselsäurehaltiger oder alumo-silicatischer Zusammensetzung oder eine Kombination davon. [...] Puzzolane erhärten nach dem Anmachen mit Wasser nicht selbständig, sondern reagieren, fein gemahlen und in Gegenwart von Wasser, bei normaler Umgebungstemperatur mit gelöstem Calciumhydroxid ($Ca(OH)_2$) unter Entstehung von festigkeitsbildenden Calciumsilicat- und Calciumaluminatverbindungen. Diese Verbindungen sind denen ähnlich, die bei der Erhärtung hydraulischer Stoffe entstehen. Puzzolane bestehen hauptsächlich aus reaktionsfähigem Siliciumdioxid (SiO_2) und Aluminiumoxid (Al_2O_3). Der Rest enthält Eisen(III)oxid (Fe_2O_3) und andere Oxide. Der Anteil an reaktionsfähigem Calciumoxid (CaO) ist für die Erhärtung unbedeutend. Der Massenanteil an reaktionsfähigem Siliciumdioxid (SiO_2) muss mindestens 25.0 % betragen." (DIN EN 197-1)

Puzzolane zeichnen sich nach obiger Definition durch reaktionsfähiges Silicium und Aluminium aus, welches bei alkalischer Aktivierung zementsteinähnliche C(A)SH-Phasen ausbildet. Vereinfacht wird die puzzolanische Reaktion in zementgebundenen Systemen häufig wie in Gleichung 2.1 dargestellt. Demnach reagiert das in den Puzzolanen enthaltene Siliciumdioxid mit dem bei der Zementhydratation entstehenden Calciumhydroxid im alkalischen Milieu zu festigkeitsbildenden Hydratphasen. Die in den nachfolgenden Gleichungen verwendeten Abkürzungen für die chemischen Verbindungen entsprechen den in der Zementchemie üblichen Kurzschreibweisen und sind im Abkürzungsverzeichnis (S. XIX) zusammengefasst.

$$CH + S + H \rightarrow CSH \qquad (2.1)$$

Bei der Calcinierung von Ton, insbesondere von Kaolin und Montmorillonit, bilden sich amorphe Alumosilikat-Phasen, welche von TIRONI et al. basierend auf ihrer Zusammensetzung vereinfacht als AS_2 (Metakaolin) und AS_4 (calcinierter Montmorillonit) abgekürzt werden. Diese Alumosilikat-Phasen reagieren in der puzzolanischen Reaktion mit dem bei der Zementhydratation entstehenden Calciumhydroxid zu CSH- und CASH-Phasen. TIRONI et al. stellen diese Reaktionen wie in Gleichung 2.2 und Gleichung 2.3 dar. (Tironi et al. 2013, S. 319)

$$AS_2 + 3\,CH + 6\,H \rightarrow CSH + C_2ASH_8 \qquad (2.2)$$

$$AS_4 + 5\,CH + 6\,H \rightarrow 3\,CSH + C_2ASH_8 \qquad (2.3)$$

Die obig beschriebenen Reaktionen von puzzolanischen Stoffen in zementgebundenen Systemen führen durch die Reduktion von Calciumhydroxidkristallen zu einer feineren und dichteren Matrix. Die zusätzliche Bildung von C(A)SH-Phasen bewirkt unter anderem durch das Einwachsen in Kapillarporen eine insgesamt feinere Porenstruktur des Systems. (Tironi et al. 2013, S. 319)

Die puzzolanische Aktivität wird als Index für das Ausmaß der Reaktion von Calciumhydroxid mit dem puzzolanischen Stoff verstanden (Mostafa et al. 2002, S. 467). Mit anderen Worten bezeichnet sie die Effizienz eines puzzolanischen Materials, welche zur Verbesserung der Festigkeit und Dauerhaftigkeit von zementgebundenen Systemen beiträgt. (Parashar et al. 2015, S. 421) Nach MASSAZZA beinhaltet die puzzolanische Aktivität alle Reaktionen zwischen den reaktiven Komponenten eines Puzzolans mit dem Calciumhydroxid aus der Zementhydratation und Wasser. Folglich sind zwei Parameter für die Beschreibung der puzzolanischen Aktivität relevant. Zum einen der maximale Gehalt an Calciumhydroxid, den ein Puzzolan binden kann, und zum anderen die Geschwindigkeit für dieses Bindungsvermögen. (Massazza 2003, S. 488)

Den zuvor beschriebenen Definitionen ist gemein, dass die puzzolanische Aktivität die Reaktion des Puzzolans mit Calciumhydroxid und Wasser beinhaltet. Zudem werden als Reaktionsprodukte dieses Prozesses C(A)SH-Phasen gebildet, welche direkte Auswirkungen auf die Festigkeit und Dauerhaftigkeit des Materials haben. Folglich setzt sich die puzzolanische Aktivität aus drei Faktoren zusammen. Zum einen sind der maximale Gehalt an gebundenem Calciumhydroxid sowie die Bindungsrate relevante Parameter zur Beschreibung der puzzolanischen Aktivität eines Stoffes. Zum anderen kommen der Art sowie den Eigenschaften der Reaktionsprodukte eine besondere Bedeutung zu. Aus diesen Überlegungen leitet sich die für die vorliegende Arbeit maßgebende Definition der puzzolanischen Aktivität ab.

Als **puzzolanische Aktivität** werden alle Reaktionen eines Stoffes mit Calciumhydroxid und Wasser zur Bildung von CSH-, CAH- und CASH-Phasen verstanden. Sie kann durch die folgenden drei Faktoren beschrieben werden:

a) Bindung Calciumhydroxid: Maximaler Gehalt

b) Bindung Calciumhydroxid: Bindungsrate

c) Bildung Reaktionsprodukte: Art und Eigenschaften

2.3.2 Einflussfaktoren

Die DIN EN 197-1 stellt als Anforderung an ein Puzzolan zur Verwendung in normierten Zementen, dass der Gehalt an reaktionsfähigem Siliciumdioxid mehr als 25 M.-% beträgt. Untersuchungen zeigen jedoch, dass dieser Gehalt nicht zur Beschreibung des Reaktionsverhaltens von calcinierten Tonen genügt (Beuntner 2017, S. 16). Die Beurteilung der puzzolanischen Aktivität ist sehr komplex, da sie von zahlreichen Faktoren, wie beispielsweise der Mahlfeinheit, der Art, Kristallinität und dem Gehalt an reaktiven Alumosilikat-Phasen des untersuchten Materials sowie den Umgebungsbedingungen bei der Reaktion, abhängt. Zudem beeinflussen der Typ und die mineralogische Zusammensetzung des verwendeten Zementes sowie die gewählte Austauschrate das Reaktionsverhalten des Zusatzstoffes im zementgebundenen System. Nach der obig beschriebenen Einteilung der puzzolanischen Aktivität in drei Parameter lassen sich die Einflussfaktoren wie folgt unterscheiden: Das maximale Bindungsvermögen von Calciumhydroxid ist vor allem von der Art, Qualität und Quantität der reaktiven Phasen des untersuchten Materials sowie von Faktoren, die sich aus der Untersuchungsmethode (z.B. Verhältnis Calciumhydroxid : Puzzolan und Untersuchungsdauer) ergeben, abhängig. Demgegenüber wird die Geschwindigkeit, mit der ein Stoff Calciumhydroxid bindet, primär von der spezifischen Oberfläche des Materials, dem w/b-Wert und der Umgebungstemperatur beeinflusst. Die Art und Eigenschaften der Reaktionsprodukte sind insbesondere von der chemischen und mineralogischen Zusammensetzung der amorphen Phasen sowie dem Gehalt an verfügbarem Calciumhydroxid abhängig.

Bisher existiert noch kein standardisiertes Verfahren, welches zufriedenstellende Ergebnisse zur Beurteilung der puzzolanischen Aktivität von unterschiedlichen Zusatzstoffen für zementgebundene Systeme liefert. (Parashar et al. 2015, S. 421; Tironi et al. 2013, S. 324–326)

2.3.3 Untersuchungsmethoden

Die Schwierigkeit der Entwicklung eines einheitlichen standardisierten Verfahrens für die experimentelle Bestimmung der puzzolanischen Aktivität eines Stoffes liegt nach SCRIVENER et al. in mehreren Faktoren begründet. Zum einen bestehen die zu untersuchenden Zusatzstoffe in der Regel aus amorphen Strukturen, welche analytisch schwer zu quantifizieren sind. Beispielhaft können an dieser Stelle XRD-Messungen genannt werden, mithilfe derer lediglich kristalline Bestandteile identifiziert werden können. Zum anderen weisen Zusatzstoffe in zementgebundenen Systemen und in alkalischen Lösungen unterschiedliche Reaktionsverhalten auf. Außerdem besitzen die Zusatzstoffe neben chemischen auch physikalische Einflüsse auf die Reaktion des Zementes. Die separate Betrachtung des chemischen Reaktionsverhaltens eines Stoffes ist folglich sehr schwierig. Ein Zusatzstoff kann die Zementreaktion auf zwei unterschiedliche Weisen physikalisch beeinflussen. Der sogenannte Verdünnungseffekt basiert auf dem geringeren Anteil an Zement in der Mischung. Dies bewirkt eine Vergrößerung des für die Hydratationsprodukte des Zementes zur Verfügung stehenden Platzangebotes aufgrund des Austauschs von Zement durch den Zusatzstoff bei gleichbleibendem w/b-Wert. Außerdem können die Oberflächen des Zusatzstoffes den Reaktionsprodukten des Zementes als Reaktionskeime dienen. Diese beiden Vorgänge werden unter dem Begriff „Füllereffekt" zusammengefasst und beschleunigen die Hydratation des Zementes. (K. L. Scrivener et al. 2015)

Prinzipiell lassen sich die gängigen Verfahren zur Bestimmung des Reaktionsverhaltens von Puzzolanen in direkte und indirekte Methoden unterteilen. Bei direkten Methoden wird die chemische Reaktion des untersuchten Stoffes mit Calciumhydroxid untersucht. Dabei können der Verbrauch des Calciumhydroxids, die Ionenlöslichkeit, das chemisch gebundene Wasser sowie die gebildeten Reaktionsprodukte als Indikatoren für die puzzolanische Aktivität des Stoffes dienen.

Indirekte Methoden basieren auf der Bestimmung von physikalischen Kenngrößen, welche Rückschlüsse auf das Reaktionsverhalten des untersuchten Stoffes zulassen. Als solche Kenngrößen kommen beispielsweise die Hydratationswärmeentwicklung, die elektrische Leitfähigkeit, die Porenstruktur oder die Druckfestigkeit in Frage (Donatello et al. 2010, S. 121; Ferraz et al. 2015, S. 289). Abbildung 6 zeigt eine Übersicht über ausgewählte Methoden zur Bestimmung der puzzolanischen Aktivität eines Stoffes sowie die Gliederung der Verfahren in direkte und indirekte Methoden.

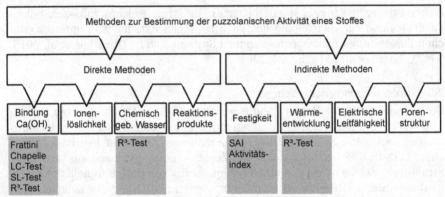

Abb. 6:   Übersicht über ausgewählte Methoden zur Bestimmung der Puzzolanität

2.3.3.1 Direkte Methoden

Direkte Messverfahren betrachten die chemische Reaktion des zu untersuchenden Stoffes mit Calciumhydroxid (vgl. Gleichungen 2.1, 2.2 und 2.3). In der gängigen Literatur können dabei hauptsächlich zwei verschiedene Ansätze beobachtet werden. Zum einen existieren einige Testverfahren, die das Bindevermögen eines Stoffes an Calciumhydroxid bestimmen. Zum anderen kann das Reaktionsverhalten von pulverförmigen Proben über die Ionenlöslichkeit des Materials ermittelt werden. Als weitere direkte Methode wurde an dieser Stelle der in der vorliegenden Arbeit durchgeführte R^3-Test nach AVET et al. aufgenommen (Avet et al. 2016). Mithilfe dieses Tests kann der Gehalt an chemisch gebundenem Wasser durch die puzzolanische Reaktion und / oder der Konsum von Calciumhydroxid bestimmt werden (vgl. Kapitel 3.4.5). Weiterhin ist die Beurteilung der Reaktionsprodukte, beispielsweise mithilfe von thermogravimetrischen (TGA) und röntgendiffraktometrischen (XRD) Analysen bzw. mittels Elektronenmikroskop (SEM) denkbar.

An dieser Stelle ist anzumerken, dass der R^3-Test zur Bestimmung des chemisch gebundenen Wassers in den Proben sowie die Beurteilung der Reaktionsprodukte in dieser Arbeit unter den direkten Methoden erfasst werden, da sie direkt den Reaktionsprozess untersuchen und nicht, wie die indirekten Methoden, physikalische Kenngrößen ermitteln. Die gewählte Zuordnung ist jedoch nicht gleichzusetzen mit der Aussage, dass durch diese Verfahren zwangsläufig direkte Aussagen über die puzzolanische Aktivität eines Materials getroffen werden können. Diese Thematik wird in den Ausführungen der vorliegenden Arbeit an späterer Stelle erneut aufgegriffen und diskutiert.

Zur Bestimmung des Calciumhydroxidverbrauchs werden Leimproben oder aufgeschlämmte Proben aus dem zu untersuchenden Stoff jeweils mit Zement oder Calciumhydroxid bzw. Calciumoxid und Wasser hergestellt. Der Calciumhydroxidgehalt dieser Proben kann mithilfe unterschiedlicher Verfahren ermittelt werden. Der Konsum von Calciumhydroxid durch den Zusatzstoff ergibt sich anschließend aus der Differenz des Calciumhydroxidgehaltes einer Referenzprobe zu der Probe, die das zu untersuchende Material enthält. Der Gehalt an Calciumhydroxid von Proben kann beispielsweise thermogravimetrisch (TGA), röntgendiffraktometrisch (XRD) oder durch Titration bestimmt werden (Donatello et al. 2010, S. 121; Ferraz et al. 2015, S. 289; Parashar et al. 2015, S. 421; Röser 2018, S. 26). Normativ festgelegte Testverfahren dafür sind unter anderem der Frattini- und Chapelle-Test.

Der Frattini-Test ist in DIN EN 196-5 zur Beurteilung der Puzzolanität von Puzzolanzementen beschrieben. Dafür werden 20 g eines Puzzolanzementes (80 M.-% Portlandzement und 20 M.-% Puzzolan) mit 100 ml kochendem, destilliertem Wasser gemischt. Die Probe wird acht bzw. 15 Tage bei 40 °C gelagert, anschließend filtriert und die Konzentrationen an gelösten Calcium- (Ca^{2+}) und Hydroxidionen (OH⁻) mittels Titration bestimmt. Liegen die Ionenkonzentrationen unterhalb denen einer gesättigten Lösung, ist von einer puzzolanischen Aktivität des untersuchten Puzzolanzementes auszugehen.

Der modifizierte Chapelle-Test wird zur Beurteilung der Puzzolanität von Metakaolin verwendet und ist in der französischen Norm NFP 18-513 beschrieben. Bei diesem Verfahren werden zunächst ein Gramm des zu untersuchenden Puzzolans mit zwei Gramm Calciumoxid und 250 ml destilliertem Wasser für 16 Stunden bei 90 °C gerührt. Anschließend erfolgt die Bestimmung der Konzentration an Hydroxidionen (OH⁻) analog zum Frattini-Test. (Ferraz et al. 2015, S. 291; Röser 2018, S. 28)

Ein ähnliches Verfahren zur Bestimmung des Reaktionsverhaltens von pulverförmigen Stoffen beschreibt TIRONI et al. als „lime consumption test" (LC-Test). Bei dieser Methode werden 25 ml einer gesättigten Calciumhydroxidlösung mit 2.5 g des zu untersuchenden Stoffes vermischt, bis zum Prüfzeitpunkt bei 40 °C gelagert und im Anschluss auf den Konsum an Calciumhydroxidionen untersucht. (Tironi et al. 2013) Der gleiche Test, jedoch mit einem geringfügig anderen Verhältnis von dem zu untersuchenden Puzzolan zu der Calciumhydroxidlösung (1 g Puzzolan auf 75 ml Lösung), wird von DONATELLO et al. als „saturated lime test" (SL-Test) bezeichnet (Donatello et al. 2010, S. 123).

Anzumerken ist an dieser Stelle, dass der Gehalt an Calciumhydroxid in einem zementgebundenen System durch den Einbezug eines Puzzolans in zweierlei Hinsicht gegenläufig beeinflusst wird. Zum einen regt der puzzolanische Stoffe den im System enthaltenen Zement durch die obig beschriebenen physikalischen Effekte zusätzlich zur Reaktion an, sodass die Produktion von Calciumhydroxid erhöht wird. Zum anderen verbraucht das Puzzolan bei seiner Reaktion Calciumhydroxid. Die alleinige Betrachtung des Calciumhydroxidverbrauches stellt folglich nur eine Vereinfachung des komplexen Reaktionssystems dar. (Lilkov und Stoitchkov 1996, S. 1073)

Der zweite Ansatz zur Beurteilung des Reaktionsverhaltens von Zusatzstoffen durch direkte Methoden besteht aus der Ermittlung der Ionenlöslichkeit des zu untersuchenden Stoffes. Die Grundidee dieser Verfahren basiert auf der Überlegung, dass für die Reaktion eines Stoffes mit weiteren Reaktionspartnern zunächst Ionen in Lösung gehen müssen, die dann für Reaktionen zur Verfügung stehen. Der Grad der von einem Stoff gelösten Ionen lässt folglich Rückschlüsse auf dessen Reaktivität zu.

Für die Bestimmung der Ionenlöslichkeit sind in der Literatur unterschiedliche Vorgehensweisen vertreten. Ihnen gemein ist, dass das zu betrachtende Puzzolan als fein gemahlener Feststoff in eine alkalische Lösung gegeben wird. Dabei hat sich ein Verhältnis der Masse des Feststoffes zu der Lösung von 1:400 in zahlreichen Veröffentlichungen etabliert (Beuntner 2017; Buchwald et al. 2003; Gmür et al. 2016). Gängige Stoffe zur Herstellung der alkalischen Lösung sind Kalium- (KOH), Natrium- (NaOH) oder Calciumhydroxid ($Ca(OH)_2$) bzw. Kombinationen dieser. Der zu untersuchende Stoff wird mit der Lösung gemischt und bis zum Prüfzeitpunkt ständig in Bewegung gehalten.

Die Zeitpunkte, nach denen die Lösung auf Ionenkonzentrationen untersucht werden (Elutionsdauer), variieren in der Literatur. BUCHWALD et al. analysierten die Probe beispielsweise nach 20 Stunden, während BEUNTNER die Ionenlöslichkeit im Zeitverlauf von sechs Stunden bis 28 Tage betrachtete. Ihre Ergebnisse zeigen, dass insbesondere bei dem untersuchten calcinierten Tongemisch ein deutlicher Zuwachs der Ionenlöslichkeit vom siebten auf den 28. Tag stattfindet, wohingegen die Löslichkeiten des untersuchten Metakaolins nach dem siebten Tag nur noch geringfügig zunehmen. (Beuntner 2017; Buchwald et al. 2003) Den Ergebnissen ist zu entnehmen, dass Metakaolin eine deutlich schnellere und zudem höhere Ionenlöslichkeit aufweist, verglichen mit dem betrachteten calcinierten Tongemisch. Die Untersuchungen zeigen zudem, dass die Elutionsdauer für die Ermittlung der Ionenlöslichkeit bestimmter Materialien ein bedeutender Einflussfaktor ist, was den Vergleich von Ergebnissen unterschiedlicher

Versuchsprogramme erschwert. Zur Beurteilung der Puzzolanität eines Stoffes sind insbesondere die gelösten Silicium- und Aluminiumionen relevant, deren Konzentrationen beispielsweise mittels einer Kombination von Massenspektrometrie mit induktiv gekoppeltem Plasma (ICP-MS) bestimmt werden können (vgl. Kapitel 3.4.4).

2.3.3.2 Indirekte Methoden

Bei den indirekten Verfahren dient häufig die Festigkeit als Indikator für die Puzzolanität von Zusatzstoffen in zementgebundenen Systemen bzw. als Referenzwert zur Beurteilung von Testverfahren zur Bestimmung des Reaktionsverhaltens (Almenares et al. 2017; Avet et al. 2016; Tironi et al. 2014).

Beispielsweise wird der Strength Acitivty Index (SAI), dessen Testverfahren im Standard ASTM C311 festgelegt ist, verwendet, um den Festigkeitsbeitrag eines Puzzolans in zementgebundenen Systemen zu untersuchen. Zur Bestimmung des SAI wird neben einem Referenzmörtel ein Mörtel hergestellt, bei dem 20 M.-% des Zementes durch den zu untersuchenden Stoff ersetzt wird. Im Anschluss wird die Druckfestigkeit der Mörtelproben nach sieben oder 28 Tagen ermittelt. Der SAI ist der prozentuale Anteil der Festigkeit der Testproben an der Festigkeit des Referenzmörtels. Ähnliche Aktivitätsindizes sind auch in europäischen Normen für unterschiedliche Betonzusatzstoffe festgelegt. Die DIN EN 450-1 beispielsweise beschreibt einen Aktivitätsindex zur Beurteilung von Flugasche. Dieser gibt das prozentuale Verhältnis der Druckfestigkeiten von im gleichen Alter geprüften genormten Mörtelprismen mit und ohne Zusatzstoff an. Als Austauschrate ist in dieser Norm ein Massenanteil von 25 Prozent vorgesehen. In der DIN EN 15167-1 hingegen ist ein Aktivitätsindex für Hüttensandmehl als Betonzusatzstoff geregelt, der die Festigkeit eines Mörtels mit 50 M.-% Hüttensand auf einen Referenzmörtel bezieht. Die Aktivitätsindizes dienen der Untersuchung, ob ein Zusatzstoff für die Verwendung in Beton geeignet ist, können jedoch aufgrund der Analyse von Mörtelproben keine direkte Auskunft über den Festigkeitsbeitrag des untersuchten Stoffes in Beton geben.

Die Festigkeitsentwicklung von Puzzolanen kann zudem auch ohne den Einsatz von Zement untersucht werden. Beispielsweise wird in dem indischen Standard IS: 1727 (1967) zur Bestimmung des Reaktionsverhaltens von Puzzolanen ein Mörtel aus Calciumhydroxid, Sand, Wasser und dem zu untersuchenden Stoff hergestellt. Die Reaktivität des Puzzolans wird über die Druckfestigkeit dieses Mörtels beurteilt.

Auch LI et al. nutzen die 28-Tage-Druckfestigkeit an Mörtelproben dazu, unterschiedliche Testverfahren zur Bestimmung der Reaktivität von Zusatzstoffen zu evaluieren (Li et al. 2018). Jedoch ist die Festigkeit hauptsächlich von anderen Faktoren als von dem Grad der puzzolanischen Reaktion abhängig. Einen großen

Einfluss auf die Festigkeit von zementgebundenen Systemen hat unter anderem die Art, Mikrostruktur und Porengrößenverteilung der Hydratationsprodukte. Da diese Faktoren insbesondere von der Mischungszusammensetzung sowie der Nachbehandlung der Probekörper abhängen, führt ein Rückschluss auf die Puzzolanität des eingesetzten Zusatzstoffes an dieser Stelle zu fehlerbehafteten Ergebnissen. (Mostafa et al. 2002, S. 467)

2.3.4 Weitere Methoden

Durch die Dehydroxylierung bei der Calcinierung von Ton findet eine Umordnung der Phasen vom kristallinen in den amorphen Zustand statt. Die amorphen Phasen sind im Allgemeinen leichter löslich und stellen infolgedessen die reaktionsfähigen Komponenten des Systems dar. Der Anteil der amorphen Phasen kann mithilfe von röntgendiffraktometrischen Untersuchungen (XRD) bestimmt werden. Dieses Verfahren wird beispielsweise von HE et al. verwendet, um die Auswirkungen der Calcinierungstemperatur von verschiedenen Tonen auf deren puzzolanische Aktivität zu untersuchen. Dabei konnten sie zeigen, dass sich der amorphe Anteil von Kaolin und Montmorillonit bei steigender Temperatur zunächst erhöht, bevor er ab Temperaturen von 800 °C bis 900 °C steil abnimmt. (He et al. 1995, S. 1696) Diese Rekristallisation von Kaolin bei höheren Temperaturen ist der Grund dafür, dass der metastabile amorphe Zustand von Kaolin als „Metakaolin" bezeichnet wird.

2.3.4.1 Vergleich der unterschiedlichen Methoden

DONATELLO et al. untersuchten die Effekte von unterschiedlichen Methoden auf die Ergebnisse zur Beurteilung der puzzolanischen Aktivität. Ihre Untersuchungen beinhalten den Frattini-, SL-Test und den SAI. Die Studie von DONATELLO et al. zeigte eine Korrelation der Ergebnisse des Frattini-Tests mit dem SAI. Die Ergebnisse des SL-Tests korrelierten nicht mit den beiden anderen Verfahren. DONATELLO et al. erklärten diese Erkenntnis damit, dass das Verhältnis von Calciumhydroxid zu dem zu untersuchenden Stoff bei dem SL-Test anders ist als bei den beiden anderen Methoden. Zudem unterscheiden sie sich darin, dass der Frattini-Test sowie der SAI das Reaktionsverhalten eines Materials im zementgebundenen System betrachten, wohingegen der SL-Test ohne den Einfluss von Zement durchgeführt wird. Als weitere wichtige Einflussfaktoren auf die Untersuchungen des Reaktionsverhaltens von puzzolanischen Stoffen identifizieren DONATELLO et al. die Temperatur und den Untersuchungszeitraum. (Donatello et al. 2010, S. 125)

Bezüglich des unterschiedlichen Reaktionsverhaltens in zementgebundenen Systemen, verglichen mit reinen Calciumhydroxidlösungen, sind nach DONATELLO et al. zwei bedeutende Aspekte zu berücksichtigen. Zum einen verringern Alkalien in der Porenlösung von Zementstein die Löslichkeit von Calciumhydroxid.

Zum anderen bilden die in dem Zement enthaltenen Alkalien (Na_2O und K_2O) in Verbindung mit Wasser Natrium- und Kaliumhydroxid (NaOH und KOH), welche in Wasser gelöst als Laugen vorliegen (Benedix 2015, S. 218). Aufgrund dieses Einflusses der Alkalien erreicht der pH-Wert der Porenlösung Werte über 13, welche höher sind als der pH-Wert einer gesättigten Calciumhydroxidlösung (~ 12.6). Beide Faktoren beeinflussen das Reaktionsverhalten des untersuchten Zusatzstoffes. (Donatello et al. 2010, S. 125)

Ein Vergleich von verschiedenen Methoden zur Bestimmung der puzzolanischen Aktivität speziell von calcinierten Tonen liefern die Untersuchungen von TIRO-NI et al.. Ihre Studie beinhaltet zwei direkte Methoden (Frattini-Test und LC-Test) sowie zwei indirekte Methoden (elektrische Leitfähigkeit und SAI). Sie zeigt, dass insbesondere die aluminatischen Reaktionen von calcinierten Tonen erhebliche Unterschiede in den Ergebnissen hervorrufen. Die Aluminatphasen in calciniertem Ton reagieren unter einem hohen Verbrauch an Calciumhydroxid, tragen jedoch nur geringfügig zur Festigkeitsentwicklung des zementgebundenen Systems bei. Folglich liefern Ergebnisse des Frattini-, LC-Tests und Untersuchungen der elektrischen Leitfähigkeit eine stärkere puzzolanische Aktivität verglichen mit dem SAI. Eine Korrelation des Frattini-Tests mit dem SAI ist in diesen Untersuchungen, konträr zu den Ergebnissen von DONATELLO et al., nicht festzustellen. Jedoch postulieren die Ergebnisse beider Methoden die selbe Reihenfolge der calcinierten Tone bezüglich ihrer Reaktivität. (Tironi et al. 2013, S. 323)

Die Überschätzung der Puzzolanität über den Frattini-Test verglichen mit dem SAI liegt in den Untersuchungen von TIRONI et al. zudem in dem größeren Wasser-Feststoff-Verhältnis und den höheren Lagerungstemperaturen (40 °C verglichen mit 20 °C) begründet. Beide Faktoren erhöhen den Konsum von Calciumhydroxid durch die puzzolanische Reaktion. Je höher das Wasser-Feststoff-Verhältnis ist, desto schneller können Reaktionen stattfinden, da die Beweglichkeit der Ionen im Allgemeinen größer ist. Ein weiterer wesentlicher Faktor, der die Ergebnisse der Reaktionsuntersuchungen beeinflusst, ist das Verhältnis von Calciumhydroxid zu dem untersuchten Puzzolan. Ist dieses Verhältnis besonders klein, steht dem Puzzolan zu wenig Calciumhydroxid zur Verfügung und die Reaktion wird dadurch limitiert. (Tironi et al. 2013, S. 325) Diese Thematik wurde auch von DONATELLO et al. in der Diskussion der Ergebnisse des SL-Tests aufgegriffen. Da das Verhältnis von Calciumhydroxid zum puzzolanischen Material bei diesem Test zu gering gewählt wurde, zeigten alle untersuchten Stoffe ab dem siebten Tag die selbe Aktivität. Eine Erhöhung dieses Verhältnisses könnte diesem Umstand Rechnung tragen und die Aussagekraft der Ergebnisse verbessern. (Donatello et al. 2010, S. 125–126)

Als weitere Problematik diskutieren DONATELLO et al. bezüglich der Bestimmung des SAI, dass die Steuerung des Wassergehaltes über die Konsistenz des Mörtels stattfindet. Da der Wassergehalt einen großen Einfluss auf die Porenstruktur des Systems ausübt, welche sich direkt in der Festigkeit des Materials widerspiegelt, ist eine Aussage über das Reaktionsverhalten mithilfe des SAI fragwürdig. DONATELLO et al. schlagen demnach vor, die Konsistenz stattdessen mithilfe von Fließmittel zu steuern. (Donatello et al. 2010, S. 125–126) Alternativ könnten ein fixes w/b-Verhältnis und feste Austauschraten (Pourkhorshidi et al. 2010, S. 800) bzw. der volumetrische Austausch des Zementes mit dem jeweiligen Puzzolan die Aussagekraft dieser Untersuchungsmethode verbessern (Dean et al. 2011, S. 10).

Die Untersuchungen von TIRONI et al. zeigen zudem eine Korrelation der Ergebnisse des LC-Tests sowie den Untersuchungen zur elektrischen Leitfähigkeit mit der spezifischen Oberfläche des calcinierten Tons. Beide Verfahren finden im klinkerfreien System statt und sind durch Reaktionen in alkalischen Lösungen gekennzeichnet. Sie geben Aussagen über die Bindung von Calciumhydroxid insbesondere am Anfang der Reaktionsmechanismen. Folglich kommen diese Methoden zur Beurteilung der initialen Reaktion von calcinierten Tonen in Frage, die vor allem von der spezifischen Oberfläche des Stoffes bestimmt wird. (Tironi et al. 2013, S. 326)

Das Reaktionsverhalten im späteren Zeitverlauf von calcinierten Tonen ist insbesondere von der chemischen und mineralogischen Zusammensetzung der amorphen Phasen des calcinierten Tons abhängig. Durch die puzzolanische Reaktion dieser Bestandteile wird die Dichte und Porengrößenverteilung verändert, welche sich in der Festigkeitsentwicklung widerspiegeln. Die Festigkeit, die beispielsweise durch den SAI ausgedrückt werden kann, wird vorrangig von den Eigenschaften der Reaktionsprodukte bestimmt und nicht von dem Calciumhydroxid-Konsum. (Tironi et al. 2013, S. 326) Durch die Untersuchungen von TIRONI et al. wird deutlich, dass die verschiedenen Methoden zur Beurteilung des Reaktionsverhaltens in unterschiedlichen Phasen des Reaktionsmechanismus Verwendung finden können. Die Methoden sollten folglich je nach Untersuchungsziel ausgewählt werden. Eine Übersicht über die Zuordnung ausgewählter Testverfahren zu verschiedenen Phasen der puzzolanischen Aktivität sowie den jeweiligen Bezug zu der für diese Arbeit formulierten Definition bietet Abbildung 7.

Aufgrund der komplexen Reaktionsmechanismen sowie den zahlreichen Einflussfaktoren sind Vergleiche über die puzzolanische Aktivität eines Stoffes, gemessen durch verschiedene Untersuchungsmethoden, nur sehr bedingt möglich. TIRONI et al. schlagen für die Untersuchung des Reaktionsverhaltens von calcinierten Tonen eine Kombination aus der Ermittlung des Calciumhydroxid-

konsums (z. B. Frattini-Test) sowie der tatsächlichen Bestimmung der Festigkeitsentwicklung (z. B. SAI) vor. (Tironi et al. 2013, S. 326) Dieses empfohlene
Vorgehen spiegelt die derzeit in der Literatur vorherrschende Meinung wider.
Die Kombination aus direkten und indirekte Methoden (z. B. Frattini-Test und
SAI) könnte zudem mit einer unabhängigen Bestimmung des Calciumhydroxidgehaltes, beispielsweise mit XRD oder TGA, ergänzt werden (Donatello et al.
2010, S. 126). Auch LILKOV und STOITCHKOV schlagen eine gemeinsame Untersuchung von mechanischen Kenngrößen, wie beispielsweise der Festigkeit,
mit Strukturanalysen und chemischen Verfahren vor, um das puzzolanische Reaktionsverhalten von Zusatzstoffen in zementgebundenen Systemen umfassend
beurteilen zu können (Lilkov und Stoitchkov 1996, S. 1074).

PUZZOLANISCHE AKTIVITÄT		
Definition puzzolanische Aktivität	Bindung Calciumhydroxid a) Maximaler Gehalt b) Bindungsrate[2]	Bildung von Reaktionsprodukten c) Art und Eigenschaften[1]
Auswirkung auf	den Gehalt an $Ca(OH)_2$ und chemisch gebundenem Wasser im Zeitverlauf.	die Dichte und Porengrößenverteilung.[1]
Abhängig von	der spezifischen Oberfläche[1] und der Ionenlöslichkeit.	der chemischen und mineralogischen Zusammensetzung der amorphen Phasen.[1]
Untersuchungs-methoden:	Direkte Methoden: LC-Test[1] / SL-Test Frattini-Test Chapelle-Test Bestimmung der Ionenlöslichkeit R^3-Test Indirekte Methoden: Bestimmung der Wärmeentwicklung Bestimmung der elektrischen Leitfähigkeit[1]	Indirekte Methoden: Zug- / Druckversuche SAI[1] Aktivitätsindex

[1] Tironi et al. 2013
[2] Massaza 2003

Abb. 7: Zuordnung ausgewählter Testverfahren zu verschiedenen Phasen der puzzolanischen Aktivität

2.4 Stand der Forschung zum Reaktionsverhalten

Da der Fokus der vorliegenden Arbeit auf der Untersuchung des Reaktionsverhaltens von calciniertem Ton liegt, wird an dieser Stelle ein Überblick über den
Stand der Forschung zu der Thematik gegeben. Dabei wird zwischen dem Reak-

tionsverhalten im klinkerfreien und im zementgebundenen System unterschieden. In der Literatur findet die Beurteilung der puzzolanischen Aktivität calcinierter Tone häufig im Zusammenhang mit der Bestimmung eines „optimalen"
Calcinierungsprozesses statt (Almenares et al. 2017; Beuntner und Thienel
2015; Danner und Justnes 2018). In zahlreichen Veröffentlichungen werden Parameter dieses Prozesses verändert und der Einfluss auf die Puzzolanität des
Stoffes untersucht. Da das Calcinierungsverfahren nicht zum Forschungsschwer-
punkt dieser Arbeit gehört, werden die daraus gewonnenen Erkenntnisse an dieser Stelle nicht näher beleuchtet. Jedoch sind die verwendeten Untersuchungsverfahren zur Bestimmung der puzzolanischen Aktivität von calcinierten Tonen
von besonderer Bedeutung für die vorliegende Arbeit. Die in der gesichteten Literatur am gebräuchlichsten Verfahren sind in Tabelle 5, unterschieden nach der
Verwendung in klinkerfreien und zementgebundenen Systemen, zusammenge-
stellt. Nähere Erläuterungen zu den einzelnen Methoden sind Kapitel 2.3.3 zu
entnehmen.

2.4.1 Reaktionsverhalten im klinkerfreien System

Für die Untersuchung des Reaktionsverhaltens von calciniertem Ton im klinkerfreien System stehen verschiedene Methoden zur Verfügung (vgl. Tab. 5). Aufgrund des komplexen Reaktionsmechanismus ist eine Kombination aus mehreren Testverfahren zur Beurteilung der puzzolanischen Aktivität zu empfehlen.
Als direkte Methoden kommen der Chapelle-Test, der LC- bzw. SL-Test, der
R^3-Test zur Bestimmung des chemisch gebundenen Wassers oder des Gehaltes
an Calciumhydroxid und / oder Untersuchungen zur Ionenlöslichkeit in Frage.
Des Weiteren kann eine Bestimmung des Calciumhydroxidgehalts mithilfe von
thermogravimetrischen Analysen (TGA) Aussagen über das Reaktionsverhalten
ermöglichen. Zudem können Untersuchungen der Reaktionsprodukte mithilfe eines Röntgendiffraktometers, TGA-Gerätes und / oder Rasterelektronenmikroskopes durchgeführt werden. Indirekte Verfahren sind zum einen die Untersuchung
der Wärmeentwicklung mittels Kalorimeter und zum anderen das Messen der
elektrischen Leitfähigkeit.

Allen Verfahren gemein ist, dass der zu untersuchende calcinierte Ton zunächst
durch ein alkalisches Medium, beispielsweise eine Calciumhydroxidlösung, aktiviert wird. Im Anschluss kann das Reaktionsverhalten entweder direkt durch die
Beurteilung der Bindung von Calciumhydroxid, der Löslichkeit von Ionen, dem
chemisch gebundenen Wasser bzw. durch die Charakterisierung der Reaktionsprodukte oder indirekt über die Wärmeentwicklung, die elektrische Leitfähigkeit
oder die Festigkeit beschrieben werden. Die alkalische Komponente unterscheidet sich bei den verschiedenen Testverfahren insbesondere in ihrer Zusammensetzung, dem pH-Wert und darin, ob sie als Lösung oder, wie beispielsweise
beim R^3-Test, als Suspension vorliegt.

Tab. 5: Testverfahren zur puzzolanischen Aktivität anhand ausgewählter Literatur

		Methode und Testverfahren	(He et al. 1995)	(Fernandez et al. 2011)	(Tironi et al. 2013)	(Tironi et al. 2014)	(Beuntner und Thienel 2015)	(Hollanders et al. 2016)	(Almenares et al. 2017)	(Beuntner 2017)	(Scherb et al. 2018)	(Li et al. 2018)	(Schulze und Rickert 2019)	(Danner und Justnes 2018)
Klinkerfrei	Direkt	Chapelle-Test							x			x		
		LC-Test		x										
		R³-Test (geb. Wasser)									x			
		R³-Test (Ca(OH)₂)									x			
		Ionenlöslichkeit	x					x		x				
		TGA: Ca(OH)₂ Gehalt						x		x				x
		TGA: Reaktionsprodukte								x				
		SEM: Reaktionsprodukte								x				
		XRD: Reaktionsprodukte								x	x			
	Indirekt	Elektrische Leitfähigkeit					x							
		Kalorimeter								x				
		R³-Test (Kalorimeter)									x			
Zementgebunden	Direkt	Frattini-Test				x								
		TGA: Ca(OH)₂ Gehalt			x					x				
		TGA: Reaktionsprodukte								x				
		SEM: Reaktionsprodukte			x					x				
		XRD: Reaktionsprodukte			x					x				
	Indirekt	Druckfestigkeit / SAI	x		x	x			x	x			x	
		Kalorimeter			x					x				
		Porosität								x				

Analog zu den in Kapitel 2.3.1 beschriebenen Reaktionen reagiert calcinierter Ton in klinkerfreien Systemen mit zugesetztem Calciumhydroxid hauptsächlich zu CSH-, CAH- und CASH-Phasen. HE et al. nennen als Hauptreaktionsprodukte bei der Untersuchung von nahezu reinen calcinierten Tonen jeweils mit Calciumhydroxid CSH-Phasen und C_4AH_x, während aluminiumreiche Tone zusätzlich die Phasen C_3AH_6 und C_2ASH_8 bilden können. (He et al. 1995, S. 1691) TIRONI et al. verwendeten in ihren Untersuchungen kaolinitreiche und bentonitische[6] Tone. Sie konnten zeigen, dass bentonitische calcinierte Tone im Vergleich zu den kaolinitreichen dazu neigen, vermehrt Silikatphasen zu bilden, während aus kaolinitreichen calcinierten Tonen aluminiumreiche Reaktionsprodukte, wie beispielsweise AFm-Phasen und Strätlingit (C_2ASH_8), hervorgehen. Gerade die aluminatischen Reaktionen binden viel Calciumhydrid, tragen jedoch nur einen vernachlässigbaren Anteil zur Festigkeit bei. Dies ist ein Grund, warum Methoden, die den Calciumhydroxidgehalt messen (z.B. Frattini- und LC-Test), die puzzolanische Aktivität verglichen mit der Festigkeitsentwicklung, beispielsweise ausgedrückt durch den SAI, in solchen Fällen höher bewerten. (Tironi et al. 2013, S. 326). Da die genauen Zusammensetzungen der gebildeten Phasen maßgeblich von der Art und Struktur des calcinierten Tons abhängen, wird an dieser Stelle auf eine detailliertere Beschreibung der Reaktionsprodukte verzichtet.

Nicht nur die Art der Reaktionsprodukte, sondern auch der Reaktionsgrad sowie die Reaktionsrate werden maßgeblich von der mineralogischen Zusammensetzung sowie der Struktur der Bestandteile des calcinierten Tons bestimmt (Hollanders et al. 2016, S. 559). Bei kalorimetrischen Untersuchungen von BEUNTNER zeigte ein calciniertes Tongemisch, welches mit Calciumhydroxid versetzt wurde, in den ersten 48 Stunden nach Kontakt mit jeweils vier verschiedenen alkalischen Lösungen eine nur sehr geringe Wärmeentwicklung. Im Gegensatz dazu war eine deutliche Reaktion von reinem Metakaolin in den Lösungen zu beobachten. (Beuntner 2017, S. 55–56)

Auch HOLLANDERS et al. untersuchten das Reaktionsverhalten von acht nahezu reinen calcinierten Tonen. Sie mischten zunächst das zu untersuchende Material im Verhältnis 2:3 mit Calciumhydroxid. Im Anschluss wurde destilliertes Wasser in einem Wasser-Feststoff-Verhältnis von 1:1 zugefügt. Die Proben lagerten bei 20 °C und wurden zu verschiedenen Prüfzeitpunkten auf ihren Gehalt an Calciumhydroxid mittels TGA untersucht. (Hollanders et al. 2016)

Die Ergebnisse dieser Untersuchungen sind gekürzt Abbildung 8 zu entnehmen. Alle dargestellten Tone wurden bei 800 °C calciniert mit der Ausnahme des illitreichen Tons, für den eine Calcinierungstemperatur von 900 °C gewählt wurde. Der Calciumhydroxidkonsum der kaolinitreichen Tone zeigt eine Sättigungs-

---

6   Bentonit ist ein Gestein, welches ein Gemisch aus Tonmineralien darstellt. Der Hauptbestandteil ist Montmorillonit.

kurve, was verdeutlicht, dass die puzzolanische Aktivität dieser calcinierten Tone hauptsächlich bis zum 28. Tag stattfindet. Tone, welche hingegen Smektite[7] enthalten, weisen einen geringeren Calciumhydroxidkonsum auf und reagieren auch nach 28 Tagen noch weiter. Neben der Zusammensetzung kann zudem die spezifische Oberfläche zu den unterschiedlichen Ergebnissen beitragen. HOLLANDERS et al. ermittelten anhand des Calciumhydroxidkonsums eine abnehmende Reihenfolge der puzzolanischen Aktivität von kaolinit-, montmorillonit-, illit- und hectoritreichen[8] Tonen. Die gleiche Reihenfolge konnten sie auch mit dem Chapelle-Test nachweisen. Jedoch wird die puzzolanische Aktivität, insbesondere der smektitreichen Tone, mit diesem Verfahren im Vergleich zum Calciumhydroxidkonsum (TGA) überschätzt. Grund dafür ist vermutlich die höhere Temperatur beim Chapelle-Test, welche die Reaktionen beschleunigt. HOLLANDERS et al. schlagen diesen Test folglich für die Bestimmung des maximal von einem Puzzolan zu bindenden Calciumhydroxidgehalt vor (vgl. Definition auf S. 11, Unterpunkt a)). (Hollanders et al. 2016, S. 559)

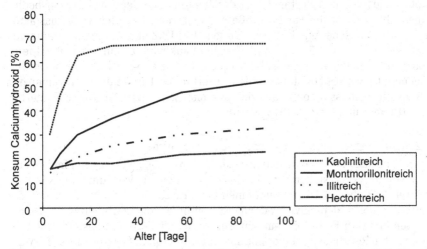

Abb. 8:   Calciumhydroxidkonsum ausgewählter calcinierter Tone über die Zeit (Eigene Darstellung nach Hollanders et al. 2016, S. 559)

Das calcinierte Tongemisch der Untersuchungen von BEUNTNER, welches einen Kaolinitgehalt im Rohton von 25 M.-% aufweist, zeigte in Verbindung mit Calciumhydroxid und jeweils vier verschiedenen alkalischen Lösungen (Verhältnis 1:1:2) eine Abnahme des Calciumhydroxids gemessen mit TGA bis zum 90. Tag. Die Ergebnisse nach 180 Tagen zeigen für die Versuche mit der Calciumhydro-

---

7   Smektite sind Mineralgemenge, welche aus dreischichtigen Schichtsilikaten bestehen und häufig als Hauptbestandteil Montmorillonit enthalten.

8   Hectorit ist ein bestimmtest Tonmineral der Smektitgruppe.

xidlösung nur noch eine geringfügige Abnahme des Calciumhydroxidgehaltes, was verdeutlicht, dass die puzzolanische Aktivität bis zum 90. Tag annähernd abgeschlossen ist. (Beuntner 2017, S. 68–69)

Untersuchungen der puzzolanischen Aktivität von verschiedenen nahezu reinen calcinierten Tonen zeigen im Allgemeinen, dass Metakaolin die größte Reaktivität der betrachteten Materialien aufweist. Jedoch konnten SCHERB et al. durch die Analyse von drei unterschiedlichen calcinierten Schichtsilikaten (Metakaolin, calcinierter Illit und calcinierter Muskovit) zeigen, dass auch die beiden anderen Stoffe im alkalischen Milieu Hydratphasen ausbilden und demnach bei der Betrachtung der puzzolanischen Aktivität von calcinierten Tongemischen nicht komplett außer Acht gelassen werden können. Außerdem üben sie durch ihr Wasserbindevermögen und den Konsum von Calciumhydroxid einen wichtigen Einfluss auf das Reaktionsverhalten aus. (Scherb et al. 2018, S. 432)

Neben der mineralogischen Zusammensetzung des calcinierten Tons, welche hauptsächlich von den Bestandteilen des Rohtons und den Calcinierungsbedingungen abhängt, ist die Partikelgröße ein weiterer wesentlicher Einflussfaktor auf die puzzolanische Aktivität eines Stoffes. FERRAZ et al. konnten mithilfe des modifizierten Chapelle-Tests zeigen, dass die Reaktivität des untersuchten Metakaolins steigt, je feiner es gemahlen wurden (Ferraz et al. 2015, S. 297). Die Untersuchungen von DANNER et al. identifizierten die Partikelgröße als einer der wichtigsten Einflussfaktoren auf die puzzolanische Aktivität von calcinierten Tonen (Danner und Justnes 2018, S. 10).

2.4.2 Reaktionsverhalten im zementgebundenen System

Für die Untersuchung des Reaktionsverhaltens von calciniertem Ton im zementgebundenen System stehen verschiedene Methoden zur Verfügung (vgl. Tab. 5). Als direkte Methoden kommt zum einen der Frattini-Test und zum anderen die Ermittlung des Calciumhydroxidgehaltes mithilfe von thermogravimetrischen Analysen (TGA) in Frage. Zudem können, wie im klinkerfreien System, Untersuchungen der Reaktionsprodukte mithilfe eines Röntgendiffraktometers, TGA-Gerätes und / oder einem Rasterelektronenmikroskop ergänzende Informationen zur puzzolanischen Aktivität liefern. Als indirektes Verfahren kann die Druckfestigkeit, beispielsweise in Form des SAI, und / oder die Porosität des Materials untersucht werden. Auch die Ermittlung der Wärmeentwicklung mittels Kalorimeter stellt eine weitere Methode zur Beurteilung der puzzolanischen Aktivität dar. Den Untersuchungsmethoden im zementgebundenen System ist gemein, dass zunächst Proben hergestellt werden, welche in der Regel den zu untersuchenden Stoff, Zement und Wasser enthalten. Dabei spielt die gewählte Austauschrate vom Zement durch das zu betrachtende Puzzolan sowie die Art des Zementes eine bedeutende Rolle. Für manche Testverfahren, wie beispielsweise für die Bestimmung des SAI, werden Mörtelproben hergestellt.

Der Einsatz von calciniertem Ton in zementgebundenen Systemen beeinflusst das Reaktionsverhalten des Gesamtsystems physikalisch sowie chemisch. Wie bereits in Kapitel 2.3.3 beschrieben sind die hauptsächlich stattfindenden physikalischen Prozesse zum einen der Verdünnungseffekt und zum anderen die Beschleunigung der Zementhydratation durch Reaktionskeime (Füllereffekt). Der chemische Einfluss basiert auf der puzzolanischen Reaktion des calcinierten Tons, welche von dem durch die Zementhydratation zur Verfügung gestellten Gehalt an Calciumhydroxid abhängt. Aufgrund dieser gegenseitigen Wechselwirkungen ist eine alleinige Betrachtung des Reaktionsverhaltens des calcinierten Tons in zementgebundenen Systemen nahezu unmöglich. Da calcinierter Ton im Bauwesen jedoch in genau diesen Systemen Verwendung finden soll, ist es von besonderer baupraktischer Relevanz die Interaktionen beider Komponenten zu verstehen.

Die von Seiten des calcinierten Tons im zementgebundenen System stattfindenden Reaktionen entsprechen denen im klinkerfreien System. Im Gegensatz dazu sind sie jedoch von der Calciumhydroxidproduktion des Zementes abhängig. TIRONI et al. und MURAT beschreiben beispielsweise die Reaktionen von Metakaolin (AS_2) in Abhängigkeit des Calciumhydroxidgehaltes wie in den Gleichungen 2.4 bis 2.6 abgebildet (Murat 1983; Tironi et al. 2014).

$$AS_2 + 3\,CH + 6\,H \rightarrow CSH + C_2ASH_8 \tag{2.4}$$

$$AS_2 + 5\,CH + 3\,H \rightarrow 2\,CSH + C_3AH_6 \tag{2.5}$$

$$AS_2 + 6\,CH + 9\,H \rightarrow 2\,CSH + C_4AH_{13} \tag{2.6}$$

Wie schon im klinkerfreien System beschrieben, wird der Reaktionsmechanismus von calciniertem Ton maßgeblich von der mineralogischen Zusammensetzung und dem Gehalt an amorphen Phasen bestimmt. FERNANDEZ et al. untersuchten das Verhalten von calciniertem Kaolinit, Illit und Montmorillonit und stellten für Metakaolin die größte puzzolanische Aktivität gemessen am Calciumhydroxidverbrauch in Zementleimproben fest. Diese Erkenntnis deckt sich mit Ergebnissen von mehreren Studien. FERNANDEZ et al. führten die erhöhte Reaktivität von Metakaolin auf den Gehalt und die Bindung von Hydroxylgruppen im Kaolinit zurück, welche bei der Dehydroxylierung einen erheblichen Verlust an kristallinen Phasen bewirken. (Fernandez et al. 2011, S. 114)

In der Literatur dient häufig der Konsum von Calciumhydroxid durch den calcinierten Ton als Anhaltspunkt für die Beschreibung der puzzolanischen Aktivität des untersuchten Stoffes (vgl. Definition auf S. 11, Unterpunkt a) und b)). Der calcinierte Ton kann die Zementhydratation jedoch auch durch die obig beschriebenen physikalischen Prozesse beschleunigen, was in einer vermehrten Bildung von Calciumhydroxid resultiert. Analyseverfahren, die am Calciumhydroxidgehalt anknüpfen, sollten demnach diesen Aspekt mit in die Überlegungen einbeziehen.

Diese Problematik ist jedoch nicht nur auf die Untersuchungen des Calciumhydroxidgehaltes beschränkt. Auch bei anderen Methoden zur Bestimmung der puzzolanischen Aktivität des calcinierten Tons ist eine Separierung der physikalischen und chemischen Prozesse, welche durch den zu untersuchenden Stoff ausgelöst werden, nur sehr schwer realisierbar bzw. unmöglich.

TIRONI et al. thematisieren für die Bestimmung des SAI eine Möglichkeit, den Verdünnungseffekt aus der Betrachtung der Puzzolanität herauszurechnen. Denn bei einer Austauschrate von 30 M.-% des Zementes durch den calcinierten Ton führt alleine der Verdünnungseffekt, äquivalent zu einer Erhöhung des w/z-Wertes, zu einer Verringerung der Druckfestigkeit. Um diesem Effekt gerecht zu werden und die puzzolanische Aktivität der untersuchten calcinierten Tone unabhängig davon zu bewerten, wurde zunächst der SAI von einer Probe mit 30 M.-% Quarz als inertes Material bestimmt. Der Wert beträgt 0.7, sodass jeder SAI einer Probe mit calciniertem Ton, der darüber liegt, auf die puzzolanische Reaktion zurückgeführt werden konnte. (Tironi et al. 2013) Wenn der verwendete Quarz ähnlich fein gemahlen wird wie die untersuchten calcinierten Tone kann durch dieses Verfahren auch der Keimbildungseffekt aus der Betrachtung des Reaktionsverhaltens eliminiert bzw. zumindest reduziert werden.

In Abhängigkeit von der Austauschrate, der puzzolanischen Aktivität des eingesetzten Materials, der spezifischen Oberfläche und der Beschleunigung der Zementhydratation durch diesen Stoff kann die puzzolanische Reaktion den festigkeitsmindernden Verdünnungseffekt ausgleichen (Tironi et al. 2013, 2014). Dies spiegelt sich in SAI-Werten von über 1.0 wider. HE et al. konnten für calcinierten Kaolinit, Montmorillonit und für ein calciniertes Tongemisch bei Austauschraten von 30 M.-% höhere Mörteldruckfestigkeiten nach 28 Tagen verglichen mit reinem Portlandzement verzeichnet werden (He et al. 1995, S. 1701). In ihren Untersuchungen konnten HE et al. außerdem zeigen, dass sich die Mörteldruckfestigkeit analog zu dem im XRD bestimmten Gehalt an amorphen Phasen und zu der alkalischen Löslichkeit von Siliciumionen verhält. Sie merken jedoch an, dass ein Vergleich verschiedener calcinierter Tone über die Festigkeit schwer möglich ist, da diese physikalische Kenngröße von vielen weiteren Faktoren, insbesondere der Partikelgrößenverteilung, abhängt. (He et al. 1995, S. 1699)

Bisher existiert kein Untersuchungsverfahren, welches alle stattfindenden Prozesse getrennt voneinander abbilden kann. Folglich sind Kombinationen von Untersuchungsmethoden notwendig, um das Reaktionsverhalten von calcinierten Tonen in zementgebundenen Systemen möglichst gut zu beschreiben.

3 Experimentelle Untersuchungen

3.1 Forschungskonzept

Das Forschungskonzept der vorliegenden Arbeit basiert neben der grundlegenden Analyse der Ausgangsstoffe auf den folgenden beiden Forschungszielen:

1. **Untersuchung der einzelnen Schichten des calcinierten Tons**

2. **Untersuchung des Reaktionsverhaltens**

Das erste Forschungsziel bezieht sich auf Untersuchungen an einem industriell im Drehrohrofen hergestellten ungemahlenen calcinierten Ton. Die optisch eindeutig erkennbaren einzelnen Schichten des Materials werden zum einen bezüglich ihrer Struktur und zum anderen nach ihrer chemischen Zusammensetzung mithilfe eines Rasterelektronenmikroskops untersucht. Ergänzend liefern thermogravimetrische (TGA) und röntgendiffraktometrische Analysen (XRD) der einzelnen Schichten wertvolle Informationen für die Auswertung der Ergebnisse.

Um das zweite Forschungsziel zu bedienen und das Reaktionsverhalten der untersuchten Materialien (Rohton, calcinierter Ton sowie dessen Schichten) umfassend analysieren zu können, wurden Versuche im klinkerfreien (alkalischen) sowie im zementgebundenen System vorgenommen. In der vorliegenden Arbeit wurden im Allgemeinen direkte Messverfahren zur Bestimmung der Reaktivität den indirekten vorgezogen. Der Fokus liegt dabei insbesondere auf der Beurteilung der puzzolanischen Aktivität der untersuchten Stoffe über die Bindungsfähigkeit von Calciumhydroxid (vgl. Definition auf S. 11, Unterpunkte a) und b)). Im klinkerfreien System wurde die Ionenlöslichkeit der Materialien untersucht und im zementgebundenen System lag der Fokus auf der Bestimmung der Calciumhydroxidbindung durch die eingesetzten Stoffe. Zudem wurde der gewollt einfach durchzuführende R³-Test zur Bestimmung des chemisch gebundenen Wassers von Puzzolanen im klinkerfreien System in das Versuchsprogramm aufgenommen. Diese Vorgehensweise knüpft nicht direkt an der vorgestellten Definition der puzzolanischen Aktivität an. Der Test wird jedoch mithilfe von thermogravimetrischen Analysen auf seine Güte der Aussagekräftigkeit bezüglich des Reaktionsverhaltens überprüft. Die Bestimmung der Druck- und Zugfestigkeit als indirektes Verfahren diente lediglich zum Vergleich mit den direkten Methoden und unterstützt die Auswertung sowie die Diskussion der Ergebnisse. Die Untersuchungen zum Reaktionsverhalten wurden, mit Ausnahme der Festig-

© Springer Fachmedien Wiesbaden GmbH, ein Teil von Springer Nature 2020
K. Weise, *Über das Potenzial von calciniertem Ton in zementgebundenen Systemen*, Werkstoffe im Bauwesen | Construction and Building Materials,
https://doi.org/10.1007/978-3-658-28791-7_3

keitsbestimmung und des sogenannten „Tunkversuchs", im Zeitverlauf (1 Tag, 7 und 28 Tage) durchgeführt. Für die Analysen der Reaktionen des Rohtons sowie des calcinierten Tons im zementgebundenen System wurden Austauschraten von jeweils 10 M.-%, 20 M.-% und 30 M.-% gewählt.

Eine Übersicht über das gesamte Forschungskonzept der vorliegenden Arbeit mit den dazugehörigen Analyseverfahren ist schematisch in Abbildung 9 dargestellt und wird nachfolgend näher erläutert. Ergänzend dazu fasst Tabelle 6 das dieser Arbeit zugrunde liegende Forschungskonzept sowie die verwendeten Testverfahren tabellarisch zusammen Die Abkürzungen der verwendeten Materialien, welche unter Kapitel 3.2 detailliert beschrieben werden, sind in Tabelle 7 zusammengefasst.

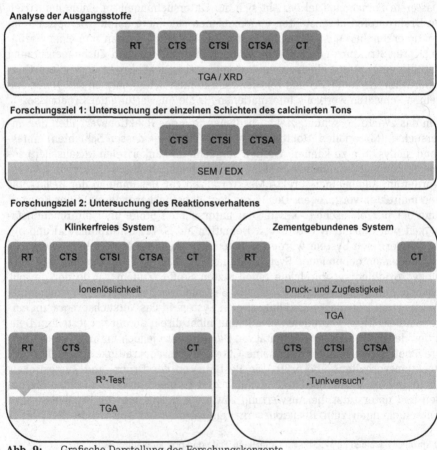

Abb. 9:   Grafische Darstellung des Forschungskonzepts

Tab. 6: Tabellarische Darstellung des Forschungskonzepts

	Testverfahren	Ziel	RT	CTS	CTSI	CTSA	CT	CEM
Ausgangs-stoffe	TGA	1 + 2	P	P	P	P	P	P
	XRD	1 + 2	P	P	P	P	P	P
	SEM / EDX	1		S	S	S		
Klinker-freies System	Ionenlöslichkeit	2	P	P	P	P	P	
	R³-Test (geb. Wasser)	2	P	P			P	
Zement-gebundenes System	TGA: Ca(OH)₂ Gehalt	2	P				P	P
	TGA: Reaktionsprodukte	2	P				P	P
	„Tunkversuch"	2		S	S	S		P
	Druckfestigkeit	2	P				P	P
	Zugfestigkeit	2	P				P	P

P: Pulver; S: Stück

Tab. 7: Übersicht über die Abkürzungen der verwendeten Materialien

Abkür-zung	Materialbeschreibung
RT	Rohton (Lias-Ton) abgebaut in Unterstürmig (Bayern, Deutschland)
CTS	Ungemahlener, industriell im Drehrohrofen calcinierter Ton
CTSI	Material aus dem Kern des ungemahlenen calcinierten Tons (CTS)
CTSA	Material der äußeren Schicht des ungemahlenen calcinierten Tons (CTS)
CT	Industriell im Drehrohrofen calcinierter und gemahlener Ton
CEM	Portlandzement CEM I 52.5N

Als Grundlage für die beiden Forschungsziele wurden zunächst alle verwendeten Ausgangsstoffe bezüglich ihrer Zusammensetzung mithilfe von thermogravimetrischen (TGA) und röntgendiffraktometrischen Analysen (XRD) untersucht. Die Charakterisierung der verwendeten Materialien ist für die Auswertung der Untersuchungen der Schichten und des Reaktionsverhaltens von essentieller Notwendigkeit.

Für das erste Forschungsziel der vorliegenden Arbeit, die Untersuchung der einzelnen Schichten des ungemahlenen calcinierten Tons, wurde ein Rasterelektronenmikroskop verwendet. Um die Struktur sowie die chemische Zusammensetzung der verschiedenen Schichten analysieren zu können, wurden die ungemahlenen calcinierten Tonstücke aufgespalten und für die Untersuchungen am Rasterelektronenmikroskop präpariert. Unterschiede bezüglich des Reaktionsverhaltens der Schichten wurden in den Untersuchungen des zweiten Forschungsziels erforscht.

Ergänzend zu diesen Untersuchungen geben die thermogravimetrischen und röntgendiffraktometrischen Analysen der Schichten weitere Informationen über die Unterschiede in den verschiedenen Bereichen der calcinierten Tonstücke.

Das zweite Forschungsziel der vorliegenden Arbeit besteht darin, das Reaktionsverhalten der betrachteten Materialien zu beschreiben. Die Untersuchungen diesbezüglich gliedern sich in klinkerfreie und zementgebundene Systeme.

Für die Analyse der Reaktionen im klinkerfreien System wurde zum einen die Ionenlöslichkeit von Calcium-, Aluminium- und Siliciumionen in einer gesättigten Calciumhydroxidlösung im Zeitverlauf ermittelt. Die Löslichkeitsversuche wurden mit allen fünf Materialien durchgeführt (RT, CTS, CTSI, CTSA und CT). Zum anderen wurde der von LI et al. vorgeschlagene R^3-Test zur Ermittlung des chemisch gebundenen Wassers in einer alkalischen Emulsion durchgeführt (Li et al. 2018). Da sich die Separierung der inneren und äußeren Schicht des calcinierten Tons praktisch sehr kompliziert gestaltete und für den R^3-Test diesbezüglich zu große Mengen des zu untersuchenden Materials benötigt werden, wurde dieser Test für das zweite Forschungsziel auf den Rohton (RT), den ungemahlenen (CTS) und den gemahlenen calcinierten Ton (CT) beschränkt. Da dieser Test als sehr einfaches und in verschiedenen Laboren ohne spezielle Versuchseinrichtungen durchzuführendes Verfahren konzipiert wurde, sollen ergänzende Untersuchungen mittels TGA zur Beurteilung der Güte des Tests dienen.

Die Beurteilung des Reaktionsverhaltens des Rohtons und des calcinierten Tons im zementgebundenen System wurde mithilfe von thermogravimetrischen Analysen (TGA) und Festigkeitsuntersuchungen durchgeführt. Hierfür wurden zunächst Zementleimproben mit dem Rohton (RT) und dem gemahlenen calcinierten Ton (CT) in Austauschraten von jeweils 10 M.-%, 20 M.-% und 30 M.-% hergestellt. Die TGA-Messungen wurden zu verschiedenen Zeitpunkten (1 Tag, 7 und 28 Tage) durchgeführt. Außerdem wurden die Biegezugfestigkeit sowie die Druckfestigkeit an den Zementleimproben nach 28 Tagen bestimmt. Um das Reaktionsverhalten der einzelnen Schichten im zementgebundenen System zu untersuchen, wurde für die vorliegende Arbeit ein Versuchsaufbau konzipiert, welcher die Interaktion der verschiedenen Schichten mit Zementleim betrachtet („Tunkversuch").

Für die Beurteilung der puzzolanischen Aktivität der untersuchten Materialien wurde eine Kombination von direkten und indirekten Methoden im klinkerfreien sowie im zementgebundenen System gewählt (vgl. Tab. 6). Dieses Vorgehen entspricht der derzeit in der Literatur vorherrschenden Meinung zur Untersuchung des Reaktionsverhaltens von Zusatzstoffen (vgl. Kapitel 2.3.4.1).

3.2 Materialien

Die in der vorliegenden Arbeit verwendeten Materialien setzen sich aus einem Rohton (RT), dem in Stücken vorliegenden calcinierten Ton (CTS) und dem gemahlenen calcinierten Ton (CT) sowie einem Portlandzement CEM I 52,5N (CEM) zusammen. Die Prozesskette der Herstellung des pulverförmigen calcinierten Tons aus dem Rohton über den calcinierten Ton als Stück ist in Abbildung 10 zusammengefasst.

Die Stücke des calcinierten Tons wurden für weitere Untersuchungen teilweise aufgespalten und zeigen optisch eine deutliche Abgrenzung zwischen einer rötlich-braunen äußeren Schicht (CTSA) und einem dunkleren grauen inneren Kern (CTSI). Die Probenbezeichnungen sind den Abbildungen 10 und 11 sowie Tabelle 7 zu entnehmen.

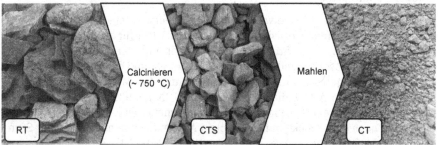

Abb. 10: Prozesskette vom Rohton (RT) über den calcinierten Ton als Stück (CTS) zum gemahlenen calcinierten Ton (CT)

Abb. 11:   Darstellung der Probenbezeichnungen des ungemahlenen calcinierten Tons

3.2.1 Rohton (RT)

Der verwendete Rohton wurde in Unterstürmig in Nordbayern abgebaut. Es handelt sich dabei um einen etwa 180 Millionen Jahre alten Ton aus dem Zeitalter des Lias. Genaue Informationen über die exakte chemische und mineralogische Zusammensetzung der für diese Arbeit verwendeten Probe liegen nicht vor. Da es sich bei dem Material jedoch um einen Ton handelt, der schon von anderen Autoren für verschiedene Untersuchungen verwendet wurde, können deren Dokumentationen als Anhaltspunkt genutzt werden. BEUNTNER und THIENEL geben die chemische Zusammensetzung des Rohtons wie in Tabelle 8 dargestellt an (vgl. auch Abb. 5 in Kapitel 2.2). (Beuntner und Thienel 2015, S. 2) Die mineralogischen Zusammensetzungen des von BEUNTNER und THIENEL verwendeten Rohtons und des calcinierten Tons entsprechen den Angaben in Tabelle 4 in Kapitel 2.2 und sind an dieser Stelle aus Gründen der Übersichtlichkeit erneut in Tabelle 9 dargestellt.

Der Feuchtegehalt des für die vorliegende Arbeit verwendeten Rohtons wurde in eigenen Untersuchungen gravimetrisch bestimmt. Hierfür wurde das Material zunächst zerkleinert, eine Stichprobe entnommen und deren Masse durch Wägung bestimmt. Anschließend wurde die Probe in einem Ofen bei 105 °C bis zur Massenkonstanz getrocknet. Für die Bestimmung der Massenkonstanz wurde für die vorliegende Arbeit die Definition nach DIN EN 933-1 verwendet. Demnach wird eine Probe als massenkonstant bezeichnet, wenn aufeinanderfolgende Wägungen nach dem Trocknen im zeitlichen Abstand von mindestens einer Stunde um nicht mehr als 0.1 % differieren (DIN EN 933-1, S. 4). Die Massendifferenz der feuchten und der trockenen Probe bezogen auf die Masse der trockenen Probe gibt den Feuchtegehalt des ursprünglichen Materials wieder. Der für diese Arbeit verwendete Rohton weist 8.5 M.-% Feuchte auf. Dieser Wert wurde als gerundeter Mittelwert von drei gemessenen Proben bestimmt. Die einzelnen Werte betragen 8.50 M.-%, 8.35 M.-% und 8.69 M.-%.

Tab. 8: Chemische Zusammensetzung des Rohtons [M.-%] (Beuntner und Thienel 2015, S. 2)

SiO$_2$	Al$_2$O$_3$	Fe$_2$O$_3$	CaO	MgO	SO$_3$	Na$_2$O	K$_2$O	TiO$_2$
52.0	21.0	8.0	3.0	2.0	1.0	0.4	3.0	1.0

Tab. 9: Mineralogische Zusammensetzung des Rohtons und des calcinierten Tons (Beuntner 2017, S. 39–42)

Bestandteil	Rohton (RT) [M.-%]	Calcinierter Ton (CT) [M.-%]
Kaolinit	25	-
Illit	11	4
Chlorit	6	-
Quarz	18	18
Feldspat	5	8
Calcit	3	-
Glimmer	30	4
Röntgenamorpher Anteil	-	59
Sonstige	2	6

3.2.2 Ungemahlener calcinierter Ton (CTS)

Der ungemahlene calcinierte Ton (CTS) wurde dem Herstellungsprozess als Stichprobe nach der Calcinierung entnommen (vgl. Abb. 10). Beim Spalten der Stücke fällt eine deutliche Gliederung der Tonstücke in verschiedene Schichten auf. Optisch klar abzugrenzen sind eine rötlich-braune äußere Schicht (CTSA) sowie ein dunklerer Kern mit gräulicher Färbung (CTSI) (vgl. Abb. 11). Die Untersuchung der Unterschiede beider Schichten hinsichtlich ihrer Zusammensetzung, der Struktur sowie des Reaktionsverhaltens im klinkerfreien und zementgebundenen System ist wesentlicher Bestandteil der vorliegenden Arbeit.

An dieser Stelle sei zu erwähnen, dass sich die Bezeichnung „ungemahlener" calcinierter Ton lediglich auf das dem Produktionsprozess entnommene ungemahlene Material bezieht. Für die Untersuchungsmethoden, welche pulverförmige Proben erfordern, wird das Material selbstverständlich gemahlen.

3.2.3 Gemahlener calcinierter Ton (CT)

Der verwendete calcinierte Ton (CT) ist ein graubraunes Pulver, welches vergleichbar mit Zement als Sackware gelagert wird. Laut den Herstellerangaben ist die Korngröße des calcinierten Tons im Gesamten kleiner als 100 µm. Zudem ist der Anteil an Partikeln, die kleiner als 32 µm sind, größer als 90 M.-% des Produktes. Die Schüttdichte des calcinierten Tons liegt bei 1.00 g/cm³, die Rohdichte bei 2.63 g/cm³ und die spezifische Oberfläche angegeben als BET-Wert beträgt 5.5 m²/g (55000 cm²/g). Die chemische Zusammensetzung des gemahlenen calcinierten Tons nach Herstellerangaben ist Tabelle 10 zu entnehmen. Die mineralogische Zusammensetzung der verwendeten Probe ist in Tabelle 9 zusammengefasst.

Tab. 10: Chemische Zusammensetzung des calcinierten Tons [M.-%] (Herstellerangaben)

SiO_2	Al_2O_3	Fe_2O_3	CaO	MgO	SO_3	Na_2O_{eq}	Cl^-
54.0	21.4	9.0	4.3	2.0	2.0	3.0	0.01

3.2.4 Portlandzement

Der verwendete Portlandzement ist ein CEM I 52.5N. Laut dem Hersteller besitzt der Zement eine spezifische Oberfläche nach Blaine von 5192 cm²/g und eine Druckfestigkeit nach 28 Tagen von 59.2 N/mm². Der gemahlene calcinierte Ton besitzt folglich eine etwa zehnfach größere spezifische Oberfläche als der verwendete Portlandzement. Die chemische Analyse des verwendeten Portlandzementes nach Herstellerangaben ist Tabelle 11 zu entnehmen.

Tab. 11: Chemische Zusammensetzung des Portlandzementes [M.-%] (Herstellerangaben)

SiO_2	Al_2O_3	Fe_2O_3	CaO	MgO	SO_3	Na_2O	Cl^-	K_2O
20.2	5.5	3.2	61.9	2.6	3.7	0.1	0.02	1.4

3.3 Probenvorbereitung

3.3.1 Herstellung der pulverförmigen Ausgangsstoffe

Für Untersuchungen im Bereich der Materialcharakterisierung und dem Reaktionsverhalten in klinkerfreien sowie zementgebundenen Systemen werden pulverförmige Proben benötigt.

Der calcinierte Ton (CT) und der verwendete Portlandzement (CEM) liegen bereits als Pulver vor. Um den Einfluss unterschiedlicher Feuchtegehalte zu reduzieren, wurden die Proben zunächst bei 40 °C bis zur Massenkonstanz getrocknet. Der Rohton (RT) wurde anschließend in einer elektrischen Mörsermühle (RM 200) der Firma Retsch gemahlen. Die calcinierten Tonstücke wurden zum einen als gesamte Stücke gemahlen (CTS) und zum anderen wurden zwei verschiedene Bereiche separiert. Die äußere Schicht der calcinierten Tonstücke, welche sich farblich deutlich von dem Kern abhebt, wurde vorsichtig mithilfe eines Meißels abgetragen. Im Anschluss wurden das Material der äußeren Schicht (CTSA) sowie des Kerns (CTSI) separat in der elektrischen Mörsermühle gemahlen. Die gemahlenen Proben wurden zur Materialcharakterisierung für TGA- und XRD-Analysen sowie für die Unterschuchungen des Reaktionsverhaltens verwendet.

Da Letzgenanntes unter anderem sehr stark von der Mahlfeinheit abhängt, wurden die zu untersuchenden Proben gesiebt. Für die Untersuchung der Ionenlöslichkeit und für den R³-Test sowie für die Herstellung der Zementleimproben wurden die pulverförmigen Proben (RT, CTS, CTSI, CTSA und CT) mithilfe eines Siebes mit der Maschenweite von 125 μm gesiebt. Dieses Vorgehen erfolgt analog zur Probenvorbereitung der DIN EN 196-5 für die Prüfung der Puzzolanität von Puzzolanzementen, bei der die zu untersuchende Zementprobe ein 125 μm- oder 150 μm-Sieb passieren muss.

Für die Auswertung der Ergebnisse des R³-Tests sowie der Untersuchungen an den Zementleimproben wurden die Partikelgrößenverteilungen des Rohtons (RT), des ungemahlenen (CTS) und des gemahlenen calcinierten Tons (CT) mithilfe eines Lasergranulometers mit der Bezeichnung partica LA-950 der Firma HORIBA Europe GmbH durchgeführt. Jedes Material wurde in Summe sechs Mal gemessen und darüber der Mittelwert der Messdaten bestimmt. Die Ergebnisse sind Abbildung 12 und die Werte für die spezifische Oberfläche Tabelle 12 zu entnehmen.

Tab. 12: Spezifische Oberflächen der Ausgangsstoffe RT, CTS und CT

Material	Spezifische Oberfläche [m²/g]
RT	1.65
CTS	2.26
CT	0.78

Da der absolut gemessene Wert für die spezifische Oberfläche des calcinierten Tons nicht mit dem auf dem Produktdatenblatt angegebenen Wert von 5.5 g/cm³ übereinstimmt, dienen die in dieser Arbeit angegebenen Werte lediglich dem Vergleich der Ausgangsstoffe untereinander. Die pulverförmige Probe des ungemahlenen calcinierten Tons (CTS) besitzt die feinste Partikelgrößenverteilung der drei untersuchten Stoffe, gefolgt von dem Rohton (RT). Der gemahlene calcinierte Ton (CT) weist verglichen mit den beiden anderen Materialien die gröbste Partikelgrößenverteilung auf.

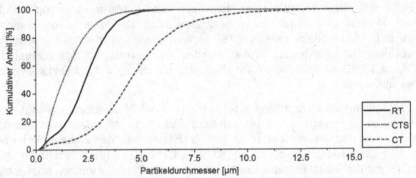

Abb. 12:   Partikelgrößenverteilungen der Ausgangsstoffe RT, CTS und CT

3.3.2 Probenvorbereitung für Untersuchungen im Rasterelektronenmikroskop

Für beide Forschungsziele sind Untersuchungen am Rasterelektronenmikroskop (SEM) notwendig. Zum einen wurde der ungemahlene calcinierte Ton (CTS) verwendet, um die Struktur der einzelnen Schichten zu analysieren. Hierfür wurden die zu untersuchenden calcinierten Tonstücke mithilfe eines Meißels aufgespalten. Ein Teil der Proben wurde in Epoxidharz gegossen und an der Oberfläche abgeschliffen (vgl. Abb. 13). Der andere Teil wurde unbehandelt, insbesondere zur Untersuchung der Oberflächenstruktur, verwendet.

Zum anderen wurde das Rasterelektronenmikroskop für die Analyse der Proben des „Tunkversuchs" verwendet. Die Probekörper, deren Herstellung in Kapitel 3.4.7 detailliert erläutert ist, wurden analog zu den obig beschriebenen Proben in Epoxidharz gegossen und poliert.

Um das Epoxidharz herzustellen, wurden zunächst die zwei Komponenten EpoFix Resin und EpoFix Hardener der Firma Struers GmbH im Verhältnis 25 g:3 g zusammen gegeben und drei Minuten lang mithilfe eines Holzspachtels verrührt. Die Probekörper wurden in die dafür vorgesehenen Kunststoffgefäße gegeben und im Anschluss in dem VakuumImprägniergerät CitoVac der Firma Struers GmbH platziert. Im Behälter des Gerätes wurde ein Vakuum erzeugt und das Epoxidharz in die Kunststoffgefäße mit den Probekörpern gegossen. Zum Aushärten wurden die Gefäße für 24 Stunden im Ofen bei 40 °C gelagert. Anschließend wurden die in Expoxidharz eingefassten Proben an der zu untersuchenden Oberfläche mithilfe des Gerätes LaboForce-100 der Firma Struers GmbH poliert. Das vollständige Programm für das Polieren der Probekörper ist in Tabelle 13 zusammengefasst.

Das gesamte Vorgehen der Probenvorbereitung für die Untersuchungen im Rasterelektronenmikroskop ist Abbildung 13 zu entnehmen.

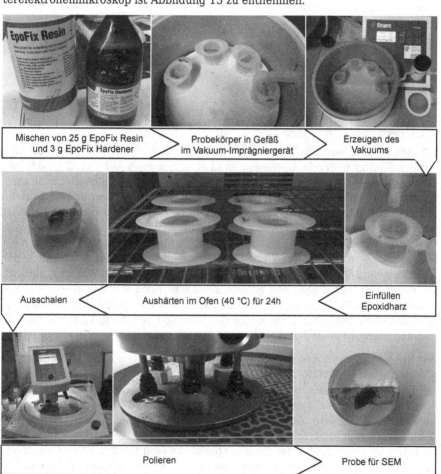

Abb. 13: Probenvorbereitung für Untersuchungen im Rasterelektronenmikroskop

Tab. 13: Programm für das Polieren der Probekörper

Feinheit Diamanten in Suspension [µm]	Schmierstoff	Zeit [min]	Anpressdruck [N]	Geschwindigkeit Platte / Probenhalter [U/min]
-	Wasser	4	10	300 / 150
9	DP-Lubricant Brown	6	30	150 / 150
3	DP-Lubricant Brown	5	20	150 / 150
1	DP-Lubricant Brown	2	10	150 / 150

3.3.3 Herstellung der Proben für den R^3-Test

Für den R^3-Test war zunächst die Herstellung einer alkalischen Emulsion notwendig. Hierfür wurde in Anlehnung an LI et al. und nach AVET et al. eine Emulsion angefertigt, welche die alkalische Porenlösung eines Bindemittelgemisches aus 65 M.-% eines CEM I 42,5R, 30 M.-% calciniertem Ton und 5 M.-% Gips simulieren soll (Avet et al. 2016, S. 6; Li et al. 2018, S. 151). Die Emulsion beinhaltet pulverförmiges Calciumhydroxid (≥ 96 %), Kaliumhydroxid in Schuppen (≥ 85 %), pulverförmiges Kaliumsulfat (≥ 99 %) und deionisiertes Wasser. In einem ersten Schritt wurde das in Schuppen vorliegende Kaliumhydroxid (KOH) innerhalb von 15 Minuten mithilfe eines Magnetrührers in 7 g Wasser aufgelöst. Im zweiten Schritt wurde das gelöste Kaliumhydroxid mit den restlichen Bestandteilen gemischt und mittels eines elektrischen Rührgerätes für 15 Minuten homogenisiert. Die Zusammensetzung der Emulsion ist Tabelle 14 zu entnehmen und Abbildung 14 zeigt das Vorgehen bei der Herstellung.

Für die Vorbereitung der Proben des R^3-Tests wurden zunächst 12,59 g der zu untersuchenden pulverförmigen Probe (Partikelgröße < 125 μm) mit 100 g der „R^3-Emulsion" mithilfe eines elektrischen Rührers für eine Minute gemischt. Dieses Verhältnis wurde aus den Untersuchungen von AVET et al. übernommen (Avet et al. 2016, S. 6). Der angerührte Leim wurde jeweils in ein Plastikgefäß gefüllt und luftdicht verschlossen bei 40 °C bis zum Prüfzeitpunkt im Ofen gelagert. Die Vorgehensweise der Probekörperherstellung für den R^3-Test ist Abbildung 15 zu entnehmen. Die Präparation der R^3-Proben, welche ergänzend für thermogravimetrische Analysen verwendet wurden, ist in Abbildung 38 dargestellt (Kapitel 3.4.5.2), da diese während der Durchführung des R^3-Tests entnommen wurden.

Tab. 14: Zusammensetzung von 100 g Emulsion für den R^3-Test („R^3-Emulsion")

Ca(OH)$_2$	K$_2$SO$_4$	KOH	H$_2$O
37.77 g	1.48 g	0.32 g	60.43 g

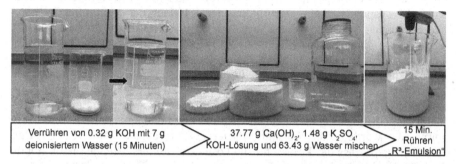

Verrühren von 0.32 g KOH mit 7 g deionisiertem Wasser (15 Minuten)	37.77 g Ca(OH)$_2$, 1.48 g K$_2$SO$_4$, KOH-Lösung und 63.43 g Wasser mischen	15 Min. Rühren „R³-Emulsion"

Abb. 14: Herstellung der alkalischen Emulsion für den R^3-Test („R^3-Emulsion")

100 g „R³-Emulsion" und 12.59 g pulverförmige Probe	Mischen	Ofenlagerung (40 °C) bis zum Prüfzeitpunkt

Abb. 15: Probenvorbereitung für den R^3-Test

3.3.4 Herstellung der Proben für die Löslichkeitsuntersuchungen

Für die Analyse der Ionenlöslichkeit wurde zunächst eine gesättigte Calciumhydroxidlösung hergestellt. Hierfür wurde deionisiertes Wasser verwendet und mit 2 g pro Liter pulverförmigem Calciumhydroxid ($\geq$ 96 %) der Firma Carl Roth GmbH + Co. KG versetzt. Dieser Wert basiert darauf, dass eine gesättigte Calciumhydroxidlösung laut Datenblatt der Firma Roth 1.7 g pro Liter Calciumhydroxid enthält (Roth 2015). Die Menge wurde zur Herstellung der Lösung auf 2 g erhöht und die verbleibenden Feststoffpartikel gefiltert (Donatello et al. 2010, S. 123). Die Lösung wurde zunächst mittels eines Magnetrührers bei Raumtemperatur für 45 Minuten durchgängig gerührt. Die Messung des pH-Wertes ergab nach 30 Minuten sowie nach 45 Minuten einen Wert von 12.6. Dieser Wert stimmt mit der Angabe auf dem Sicherheitsdatenblatt der Firma Roth überein (Roth 2015). Die Lösung wurde im Anschluss filtriert (Filterpapier MN 640 d).

Der pH-Wert änderte sich bei der Filtration nicht. Der gesamte Herstellungsprozess der gesättigten Calciumhydroxidlösung ist Abbildung 16 zu entnehmen.

Für die Löslichkeitsuntersuchungen wurden die pulverförmigen Ausgangsstoffe
(RT, CT, CTS, CTSI und CTSA) mit der Partikelgröße kleiner als 125 µm verwendet, deren Herstellung unter 3.3.1 beschrieben ist. Der pulverförmige Feststoff
wurde jeweils in einem Massenverhältnis von 1:400 mit der gesättigten Calciumhydroxidlösung gemischt. Dieses Verhältnis ist in der Literatur für Löslichkeitsversuche ein üblicher Wert (Beuntner 2017, S. 46; Buchwald et al. 2003, S. 92;
Gmür et al. 2016, S. 115). In der vorliegenden Arbeit wurden jeweils 0.25 g pulverförmige Probe jeweils mit 100 g Lösung in einen luftdicht verschließbaren
Plastikgefäß mit einem Fassungsvermögen von 120 ml gegeben. Bis zum Prüfzeitpunkt (1 Tag, 7 und 28 Tage) wurden die Proben permanent in Bewegung gehalten, indem sie auf einer Rollenvorrichtung durchgängig rotierten. Zum Prüfzeitpunkt wurde die Lösung filtriert (Filterpapier MN 640 d). Der
Herstellungsprozess der Proben für die Löslichkeitsuntersuchungen ist in Abbildung 17 dargestellt.

Abb. 16:   Herstellung der gesättigten Calciumhydroxidlösung

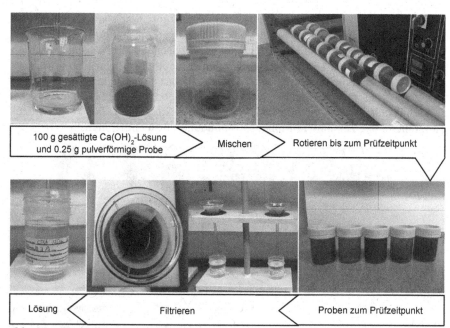

Abb. 17: Herstellung der Proben für die Löslichkeitsuntersuchungen

3.3.5 Herstellung und Nachbehandlung der Zementleimproben

Um das Reaktionsverhalten des Rohtons sowie des calcinierten Tons im zementgebundenen System zu untersuchen, wurden Zementleimproben hergestellt. Damit eine gute Verarbeitbarkeit garantiert werden kann und dem zu untersuchenden Material ausreichend Wasser als Reaktionskomponente zur Verfügung steht,
wurde das Wasser-Bindemittel-Verhältnis (w/b-Wert) in Anlehnung an BEUNT-
NER auf 0.6 festgelegt (Beuntner 2017, S. 35). Mit Ausnahme der Referenzmischung, welche lediglich aus dem verwendeten Portlandzement (CEM I 52,5N)
und Wasser besteht, wurden der Rohton (RT) sowie der calcinierte Ton (CT) jeweils mit dem Portlandzement in den Austauschraten von 10 M.-%, 20 M.-% und
30 M.-% und Wasser gemischt. Der Rohton sowie der calcinierte Ton wurden als
pulverförmige Proben, wie unter 3.3.1 beschrieben, vorbereitet. Die Ausgangsstoffe wurden in einem Standard-Mörtelmischer (E092-01N) der Firma Mixmatic
zunächst für eine Minute bei 85 Umdrehungen pro Minute und anschließend
eine weitere Minute bei 170 Umdrehungen pro Minute gemischt. Danach wurde
der Mischvorgang für eine Minute unterbrochen, um am Mischblatt sowie am
Rand des Gefäßes anhaftendes Material zu lösen. Im Anschluss wurde der Zementleim für weitere zwei Minuten bei 170 Umdrehungen pro Minute homogenisiert.

Der Zementleim wurde zum einen in kleine Plastikgefäße mit jeweils 10 ml Fassungsvermögen gefüllt und luftdicht verschlossen. Zum anderen wurden normierte Prismenschalungen aus Styropor (pro Mischung drei Prismen mit den Maßen 4 cm x 4 cm x 16 cm) gefüllt. Um den Zementleim zu verdichten, wurden die Prismenschalungen jeweils zehn Mal angehoben und leicht auf einen Tisch fallen gelassen. Anschließend wurden die Schalungen mit einer Folie abgedeckt. Die Lagerung der gesamten Probekörper fand bei 20 °C statt. Das Vorgehen zur Herstellung der Zementleimproben ist Abbildung 18 zu entnehmen.

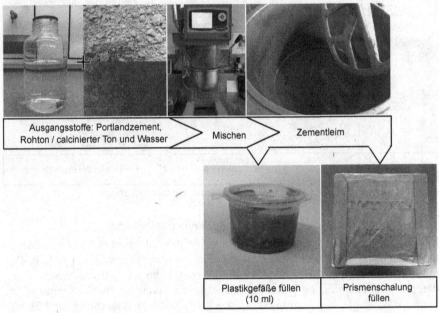

Abb. 18:   Herstellung der Zementleimproben

Um das Reaktionsverhalten des Rohtons und des calcinierten Tons im Zeitverlauf zu untersuchen, wurde die Hydratation der Zementleimproben zu drei verschiedenen Zeitpunkten (1 Tag, 7 und 28 Tage) gestoppt. Hierfür wurde zu jedem Zeitpunkt jeweils eines der kleinen Plastikgefäße jeder Mischungszusammensetzung nachbehandelt. Die Probe wurde zunächst aus dem Plastikgefäß entnommen, etwa die Hälfte des Inhaltes (5 ml) zerkleinert und in einem Mörser schonend händisch gemahlen. Dabei wurde das Pulver jeweils zwei Mal mit 5 ml einer über 99,5 %-igen Aceton-Lösung benetzt. Das Aceton fungiert als Lösemittel und entzieht der Probe das gesamte noch vorhandene freie Wasser. Diese Methode wird als weniger schädigend für das Material beschrieben im Vergleich zu anderen Verfahren, wie beispielsweise der Trocknung im Ofen, und ist in der Li-

teratur zum Stoppen der Hydratation von Zementleimproben weit verbreitet
(Röser 2018, S. 63; Tironi et al. 2014). Das Vorgehen bei der Nachbehandlung
der Zementleimproben ist in Abbildung 19 dargestellt.

Abb. 19:   Nachbehandlung der Zementleimproben

3.4 Untersuchungsverfahren und Methoden

3.4.1 Thermogravimetrische Analyse (TGA)

3.4.1.1 Allgemeine Beschreibung des Untersuchungsverfahrens

Die thermogravimetrische Analyse (TGA) ist eine spezielle Methode der thermischen Analysen. Unter Vorgabe eines definierten Temperaturprogramms wird
die Masse der Probe aufgezeichnet. Massenverluste sind dabei auf Reaktionen
mit der Bildung von flüchtigen Komponenten zurückzuführen. Solche Reaktionen
können beispielsweise Dehydratationen oder Zersetzungen sein. In zementähnli-
chen Systemen sind Massenänderungen unter 600 °C im Allgemeinen auf Was-
serabspaltungen zurückzuführen, während bei höheren Temperaturen meist
Kohlenstoffdioxid als Reaktionsprodukt entweicht (K. Scrivener et al. 2016,
S. 179). (Weise 2018, S. 93)

Das TGA-Gerät besteht aus einer sogenannten Thermowaage. Dieser Begriff beschreibt ein System bestehend aus einer Waage, einem Ofen und Einrichtungen zur Herstellung einer bestimmten Atmosphäre im Probenraum sowie zur Aufzeichnung der Messwerte. Um Rückreaktionen der flüchtigen Komponenten mit der Probe zu verhindern, wird ein inertes Gas verwendet, welches durchgängig mit einer bestimmten Strömungsgeschwindigkeit durch das Gerät geleitet wird. Die Art des Gases muss auf die Zusammensetzung der Probe abgestimmt werden. (Weise 2018, S. 93)

Die Ergebnisse der TGA-Messungen sind von unterschiedlichen Faktoren abhängig, was den Vergleich verschiedener Versuchsprogramme erschwert. Zum einen beeinflusst das gewählte Versuchsprogramm, welches unter anderem durch die Heizrate, die Art und Strömungsgeschwindigkeit des Gases, das Material und die Größe des Tiegels sowie die Menge des zu untersuchenden Stoffes definiert wird, erheblich die Ergebnisse. Zum anderen spielen auch die Präparationsbedingungen der Probe eine bedeutende Rolle. Ein wesentlicher Faktor dabei ist die Partikelgröße. Die Auswertung der Messergebnisse erfolgt aus Kenntnissen der Thermodynamik, der Reaktionskinetik und mithilfe von Referenzsubstanzen, deren Eigenschaften bekannt sind. (Weise 2018, S. 95–96)

3.4.1.2 Durchführung und Vorversuche zur Festlegung der Heizrate

Für die thermogravimetrischen Analysen der vorliegenden Arbeit wurde das Gerät mit der Bezeichnung STA 449 F5 Jupiter der Firma NETZSCH-Gerätebau GmbH verwendet (Abb. 20 und 21). Der Tiegel besteht aus Aluminiumoxid und wurde je Messvorgang mit 40 mg bis 50 mg des Probenpulvers befüllt. LOTHENBACH et al. empfiehlt aufgrund von Inhomogenitäten in zementgebundenen Materialien eine Mindestmenge von 50 mg für thermogravimetrische Analysen (K. Scrivener et al. 2016, S. 198). Als inertes Gas im Probenraum wurde Stickstoff mit einer Strömungsgeschwindigkeit von 20 ml pro Minute verwendet. Das gewählte Temperaturprogramm sieht ein Vorlaufprogramm vor, welches die Probe zunächst mit einer Heizrate von 10 °C pro Minute auf 40 °C erhitzt und für 30 Minuten auf dieser Temperatur konstant hält. Die Arbeit von RÖSER belegt, dass dieses dreißigminütige Vorlaufprogramm der Austreibung des restlichen Acetons aus der Probe dient (Röser 2018, S. 72). In der Probe verbleibendes Aceton, bedingt durch die Nachbehandlung, der Zementleimproben könnte die Messergebnisse verzerren. Ein isothermes Vorprogramm mit 40 °C wird in der Literatur zum Teil auch verwendet, um die Probe vor der eigentlichen Analyse zu trocknen und dadurch stabilere Messergebnisse zu erlangen (Danner und Justnes 2018, S. 5).

 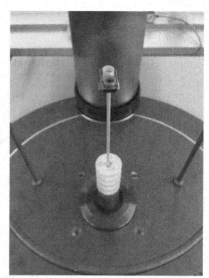

Abb. 20: TGA-Gerät geöffnet (links)   **Abb. 21:** TGA-Gerät Tiegel (rechts)

Im Anschluss wurde jede Probe mit einer konstanten Heizrate auf 1000 °C erhitzt. Da die Heizrate des Versuchsprogramms maßgeblich die Ergebnisse und die anschließende Auswertung beeinflusst, wurden in der vorliegenden Arbeit zunächst unterschiedliche Heizraten untersucht. Hierfür wurden die pulverförmigen Proben des Rohtons (RT) und des gemahlenen calcinierten Tons (CT) gemessen und analysiert. Untersucht wurden fünf verschiedene Heizraten von jeweils 2 °C, 5 °C, 10 °C, 20 °C und 25 °C pro Minute. Diese Werte wurden anhand von Angaben aus der Literatur gewählt. Tabelle 15 gibt eine Übersicht über unterschiedliche Heizraten, die für thermogravimetrische Analysen an Tonen, calcinierten Tonen und Bindemittelsystemen in der Literatur verwendet wurden. Die Heizrate von 25 °C pro Minute wurde unabhängig von der Literatur in die Versuchsreihe mit aufgenommen, um eine höhere Heizrate als in der Forschung üblich in die Untersuchung mit einzubeziehen.

Tab. 15:   Übersicht über die in der Literatur verwendeten Heizraten (TGA)

Heiz-rate [°C/ Min.]	Quelle	Untersuchtes Material	Auswertung
2	(Beuntner 2017)	Calcinierter Ton (CT) a) CT + Calciumhydroxid + alkalische Lösung b) CT + Zement + Wasser	Calciumhydroxid und Hydratphasen
5	(Shvarzman et al. 2003)	a) Wärmebehandelter Kaolinton b) Wärmebehandelter Kaolin	Dehydroxylierung
10	(Kakali et al. 2001)	Kaolin	Dehydroxylierung
	(Fernandez et al. 2011)	a) Calcinierter Kaolinit, Illit und Montmorillonite b) Stoffe unter a) + Zement + Wasser	Dehydroyilierung und Calciumhydroxid
	(Ferraz et al. 2015)	Metakaoline	Dehydroxylierung
	(Hollanders et al. 2016)	Calcinierte Tone + Calciumhydroxid + Wasser	Calciumhydroxid
	(Li et al. 2018)	Zusatzstoff + alkalische Lösung (R³-Test)	Calciumhydroxid
	(Danner und Justnes 2018)	Calcinierte Tone	Calciumhydroxid
20	(Piga 1995)	Kaolinhaltiger Erz	Dehydroxylierung
	(Röser 2018)	Zement + Zusatzstoff + Wasser	Calciumhydroxid und gebundenes Wasser

Die Ergebnisse zeigen, dass sich bei abnehmender Heizrate die Temperaturen verringern, bei denen die Massenänderungen auftreten. Verglichen wurden hierfür die charakteristischen Temperaturen in den Wendepunkten der TG-Kurven (Peak in der DTG-Kurve). Dieser Aspekt ist eine interessante Erkenntnis insbesondere beim Vergleich von charakteristischen Temperaturbereichen unterschiedlicher Versuchsprogramme. Lothenbach et al. erklären die höheren charakteristischen Temperaturen bei größeren Heizraten durch den höheren Was-serdampfdruck über der Probe bei einem schnelleren Aufheizen. Bei geringerem Wasserdampfdruck können die Reaktionen bei niedrigeren Temperaturen statt-finden. (K. Scrivener et al. 2016, S. 181) In der vorliegenden Arbeit konnte zu-dem gezeigt werden, dass die charakteristischen Temperaturen der betrachteten Prozesse linear in Abhängigkeit der gewählten Heizrate angenähert werden kön-nen. Die linearen Regressionen sind für den Rohton in Abbildung 22 und für den calcinierten Ton in Abbildung 23 dargestellt.

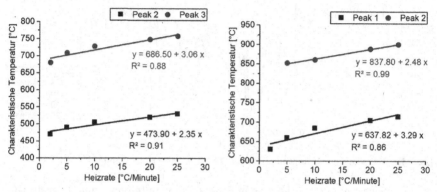

Abb. 22: Lineare Regressionen der charakteristischen Temperatur (links: RT)
Abb. 23: Lineare Regressionen der charakteristischen Temperatur (rechts: CT)

Sehr geringe Heizraten können die Auswertung insofern erschweren, dass die Ableitung der TG-Kurve (DTG-Kurve), welche in der Regel zur Identifikation der Grenzen von Massenänderungen genutzt wird, insbesondere bei sehr kleinen Massenänderungen, keine klar abzugrenzenden Bereiche aufweist. Dies wird in Abbildung 24 bei dem ersten erkennbaren Peak für die Heizraten von 2 °C und 5 °C pro Minute deutlich und ist zudem der Grund, warum die Regressionsanaly-se des zweiten Peaks in Abbildung 23 nur von vier Messpunkten ausgeht. Insge-samt ist die DTG-Kurve bei den Heizraten von 2 °C und 5 °C pro Minute durch einen zackenförmigen und weniger stetigen Verlauf gekennzeichnet.

Wird die Heizrate hingegen zu hoch gewählt, kann es zu Überlappungen der Massenverluste kommen, sodass sich die einzelnen Prozesse bei der Auswertung schwerer separieren lassen. Je kleiner die Heizrate, desto steiler ist die TG-Kur-ve bei Massenänderungen und desto klarer lassen sich die Bereiche von benach-barten Prozessen abgrenzen. Dies ist bei dem zweiten und dritten Peak in Abbil-dung 24 zu erkennen. Bei der Heizrate von 2 °C pro Minute ist die maximale Ausprägung der DTG-Kurve in den Peaks am größten und zwischen den beiden Peaks am geringsten. Auch die Ergebnisse von LOTHENBACH et al. zeigen grö-ßere Ausschläge der DTG-Peaks bei geringeren Heizraten (K. Scrivener et al.

2016, S. 182). Die DTG-Kurve des gemahlenen calcinierten Tons ist in Abbildung 101 im Anhang dargestellt. Anzumerken ist zusätzlich, dass zwischen den Ergebniskurven mit den Heizraten von 20 °C und von 25 °C nur sehr geringe Unterschiede festzustellen sind. Aus den Ergebnissen wird deutlich, dass für jedes Versuchsprogramm individuell ein Kompromiss zwischen den obig beschriebenen Unterschieden in den Heizraten gewählt werden muss.

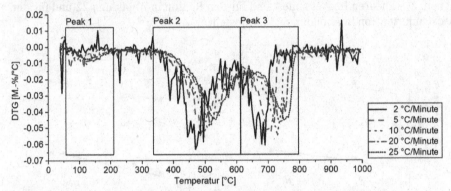

Abb. 24: DTG-Kurve des Rohtons (RT) bei verschiedenen Heizraten [M.-%/°C]

Bei der Auswertung der vorliegenden Ergebnisse konnten ab einer Heizrate von 10 °C pro Minute für den Rohton (RT) sowie den calcinierten Ton (CT) annähernd gleich hohe Massenverlust festgestellt werden. Bei den Heizraten von 2 °C und 5 °C war die Auswertung des ersten Peaks beim Rohton und den beiden Peaks beim calcinierten Ton nicht möglich. Aus diesem Grund wurden diese beiden Heizraten für weitere Untersuchungen der vorliegenden Arbeit ausgeschlossen. Um die Separierung von Peaks bei der Auswertung zu erleichtern, wurde die kleinste der drei verbleibenden Heizraten von 10 °C pro Minute für das Versuchsprogramm der vorliegenden Arbeit verwendet. Somit liegt die gewählte Heizrate in dem von LOTHENBACH et al. vorgeschlagenen Bereich von 10 °C bis 20 °C pro Minute für den empfohlenen Temperaturbereich der Versuche mit zementgebundenen Proben von 40 °C bis 1000 °C (K. Scrivener et al. 2016, S. 205). Das finale Temperaturprogramm für die weiteren Untersuchungen ist in Tabelle 16 zusammengefasst.

Die verwendeten Rohstoffe (RT, CT, CTS, CTSI, CTSA und CEM) wurden thermogravimetrisch jeweils drei Mal gemessen. Da aufeinanderfolgende Messungen der gleichen Probe keine signifikanten Unterschiede in den Ergebnissen lieferten, wurden die weiteren Proben jeweils nur ein Mal mittels TGA gemessen. Exemplarisch sind die TG- sowie die DTG-Kurven des Rohtons in Abbildung 25 und Abbildung 26 dargestellt.

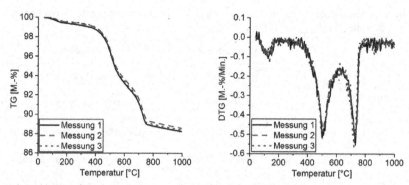

Abb. 25: Vergleich der TG-Kurven (links) von drei Messungen (RT)
Abb. 26: Vergleich der DTG-Kurven (rechts) von drei Messungen (RT)

Tab. 16: Temperaturprogramm für die thermogravimetrische Analyse

Vorgang	Starttemperatur	Endtemperatur	Messmodus
1	20 °C – 25 °C	40 °C	Dynamisch (10 °C/Minute)
2	40 °C	40 °C	Isotherm (30 Minuten)
3	40 °C	1000 °C	Dynamisch (10 °C/Minute)

3.4.1.3 Auswertung der Ergebnisse

Die Auswertungen der TGA-Ergebnisse der Ausgangsstoffe (RT, CTS, CTSI, CTSA, CT und CEM) wurden qualitativ durchgeführt. Die in den verwendeten Materialien identifizierten Stoffe sowie die dazugehörigen, in der Literatur dokumentierten, für thermische Analysen charakteristischen Temperaturbereiche sind in den Tabellen 17 bis 19 zusammengefasst.

Tab. 17: Zuordnung ausgewählter Stoffe zu charakteristischen Temperaturbereichen in thermischen Analysen (1/2)

Stoff	Temperaturbereich	Quelle
Zwischenschichtwasser der Tonminerale	30 °C – 180 °C	(Almenares et al. 2017)
	100 °C – 200 °C	(Tironi et al. 2013)
AFt (Ettringit)	20 °C – 140 °C	(Beuntner und Thienel 2016)
	100 °C und 200 °C – 400 °C	(K. Scrivener et al. 2016)
	110 °C – 440 °C	(Tironi et al. 2014)
	120 °C – 130 °C	(Ramachandran et al. 2002)
	130 °C	(Danner 2013)
	135 °C – 140 °C	(Taylor 1990)
AFm	140 °C – 400 °C	(Beuntner und Thienel 2016)
	180 °C – 200 °C	(Ramachandran et al. 2002)
	190 °C	(Danner 2013)
Gips	100 °C – 150 °C (zwei Schritte)	(K. Scrivener et al. 2016)
	140 °C – 170 °C	(Ramachandran et al. 2002)
CSH-Phasen	20 °C – 140 °C	(Beuntner und Thienel 2016)
	50 °C – 600 °C	(K. Scrivener et al. 2016)
	110 °C – 440 °C	(Tironi et al. 2014)
	115 °C – 125 °C	(Ramachandran et al. 2002)
	115 °C – 125 °C	(Taylor 1990)
	130 °C	(Danner 2013)

Tab. 18: Zuordnung ausgewählter Stoffe zu charakteristischen Temperaturbereichen in thermischen Analysen (2/3)

Stoff	Temperaturbereich	Quelle
	60 °C – 130 °C (CAH-Gel)	(Ramachandran et al. 2002)
	100 °C – 160 °C (CAH_{10})	(Ramachandran et al. 2002)
	110 °C – 440 °C (CAH, CASH)	(Tironi et al. 2014)
	120 °C (CAH_{10})	(K. Scrivener et al. 2016)
	140 °C – 200 °C (C_2AH_8)	(Ramachandran et al. 2002)
CAH- und CASH-Phasen	201 °C – 203 °C (C_2ASH_8)	(Ramachandran et al. 2002)
	250 °C (C_4AH_{13})	(Danner 2013)
	290 °C – 350 °C (C_3AH_6)	(Ramachandran et al. 2002)
	320 °C (C_3AH_6)	(K. Scrivener et al. 2016)
	340 °C (C_3ASH_4)	(K. Scrivener et al. 2016)
	350 °C (C_3AH_6)	(Danner 2013)
	350 °C – 600 °C	(Hollanders et al. 2016)
	360 °C – 550 °C	(Weise 2018)
	440 °C – 660 °C	(Tironi et al. 2014)
	450 °C – 530 °C	(Scherb et al. 2018)
	450 °C – 550 °C	(Ramachandran et al. 2002)
Calciumhydroxid	450 °C – 550 °C	(Danner und Justnes 2018)
	460 °C	(K. Scrivener et al. 2016)
	470 °C	(Beuntner und Thienel 2016)
	500 °C	(Danner 2013)
	530 °C – 550 °C	(Taylor 1990)

Tab. 19:   Zuordnung ausgewählter Stoffe zu charakteristischen Temperaturbereichen in
thermischen Analysen (3/3)

Stoff	Temperaturbereich	Quelle
	350 °C – 850 °C	(Almenares et al. 2017)
	400 °C – 600 °C	(Avet et al. 2016)
	400 °C – 650 °C	(Kakali et al. 2001)
Kaolinit	400 °C – 800 °C	(Fernandez et al. 2011)
	450 °C – 600 °C	(Shvarzman et al. 2003)
	450 °C – 700 °C	(Piga 1995)
	500 °C – 700 °C	(Tironi et al. 2014)
	500 °C – 600 °C	(Ramachandran et al. 2002)
	400 °C – 900 °C	(Tironi et al. 2013)
Montmorillonit	600 °C – 800 °C	(Fernandez et al. 2011)
	650 °C – 700 °C	(Ramachandran et al. 2002)
	400 °C – 800 °C	(Fernandez et al. 2011)
Illit	540 °C – 560 °C	(Ramachandran et al. 2002)
	570 °C	(Smykatz-Kloss und Warne 1991)
	600 °C – 780 °C	(Pane und Hansen 2005)
	600 °C – 800 °C	(K. Scrivener et al. 2016)
Calciumcarbonat	600 °C – 900 °C	(Weise 2018)
	700 °C – 800 °C	(Danner 2013)
	750 °C – 850 °C	(Ramachandran et al. 2002)

Der Gehalt an Calciumhydroxid der Proben wurde mithilfe der sogenannten Tangentialmethode bestimmt. Dabei wird der Peak der DTG-Kurve betrachtet, welcher der Reaktion von Calciumhydroxid zu Calciumoxid und Wasser zugeordnet werden kann. Dieser zeichnet sich in dem Temperaturbereich von 400 °C bis 500 °C deutlich ab und kann mit Angaben in der Literatur bestätigt werden[9]. An die offene Seite des DTG-Peaks wird eine Tangente gelegt und die daraus entstehende geschlossene Fläche ermittelt. Die Tangentenmethode dient der Separation der zu betrachtenden Reaktion von weiteren Reaktionen, welche sich über diesen Temperaturbereich erstrecken. Sie geht dabei vereinfacht davon aus, dass die weiteren, von dem Hauptprozess abzugrenzenden Reaktionen, einen linearen Massenverlust in dem Intervall erzeugen. Die Fläche gibt den Massenverlust an, der der zu betrachtenden Reaktion zuzuordnen ist. Schematisch ist der Unterschied zwischen der stufenweisen Methode und der Tangentenmethode in Abbildung 27 dargestellt.

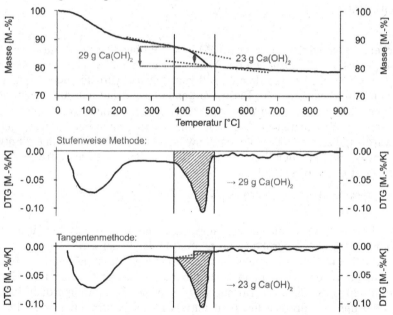

Abb. 27: Vergleich der stufenweisen Methode und der Tangentenmethode (Eigene Darstellung nach K. Scrivener et al. 2016, S. 199)

---

9   460 °C (K. Scrivener et al. 2016, S. 190); 450 °C – 600 °C (Fernandez et al. 2011, S. 114);   350 °C – 600 °C (Hollanders et al. 2016, S. 553).

Der messbare Massenverlust wird durch die flüchtige Komponente, welche in diesem Fall das Wasser darstellt, erzeugt. Um den Gehalt an Calciumhydroxid zu bestimmen, muss folglich der ermittelte Wert mithilfe der molaren Massen der bei der Reaktion beteiligten Komponenten umgerechnet werden. Die Reaktionsgleichung sowie die molaren Massen sind in Gleichung 3.1 dargestellt. Der Gehalt an Calciumhydroxid in der jeweiligen Probe ergibt sich nach Gleichung 3.2. Der Massenverlust aus den Messdaten im Temperaturbereich von 400 °C bis 500 °C wurde jeweils für jede Probe individuell mithilfe der Tangentenmethode bestimmt und als $MV_{400\,°C\,bis\,500\,°C}$ abgekürzt. Hierfür wurde die Software Origin 2015 verwendet.

$$Ca(OH)_2 \rightarrow CaO \quad + H_2O \tag{3.1}$$
$$74\ \text{g/mol} \quad 56\ \text{g/mol} \quad 18\ \text{g/mol}$$

$$Ca(OH)_2\ [\text{M.-\%}] = MV_{400\,°C\,bis\,500\,°C}\ [\text{M.-\%}] \cdot \frac{74}{18} \tag{3.2}$$

Das chemisch gebundene Wasser (CGW) in den Proben wurde als Massenverlust von 40 °C bis 600 °C abzüglich des Massenverlustes im Temperaturbereich von 400 °C bis 500 °C, welcher dem Zerfall von Calciumhydroxid zugeordnet wird, ermittelt (vgl. Gleichung 3.3). Dieses Vorgehen basiert auf den Annahmen, dass zum einen das gesamte freie Wasser durch die Nachbehandlung mit Aceton entfernt sowie das verbleibende Aceton in dem Vorprogramm bei 40 °C ausgetrieben wurde und zum anderen alle Massenverluste unter 600 °C durch ein Entweichen von Wasser aus der Probe erklärt werden können (Röser 2018, S. 72; K. Scrivener et al. 2016, S. 197).

$$CGW\ [\text{M.-\%}] = MV_{40\,°C\,-\,600\,°C}\ [\text{M.-\%}] - MV_{400\,°C\,bis\,500\,°C}\ [\text{M.-\%}] \tag{3.3}$$

In der Literatur ist es üblich, die thermogravimetrisch ermittelten Werte auf eine einheitliche Bezugsgröße zu normieren. In der Regel wird hierfür der Wert der Masse bei 600 °C verwendet unter der Annahme, dass bis zu dieser Temperatur das gesamte freie und chemisch gebundene Wasser entweicht (K. Scrivener et al. 2016, S. 197). Die Normierung findet bei Zementleimproben folglich auf 100 g des unhydratisierten Bindemittels bzw. des ursprünglich in der Mischung enthaltenen Bindemittels statt, wie Abbildung 28 übersichtlich veranschaulicht.

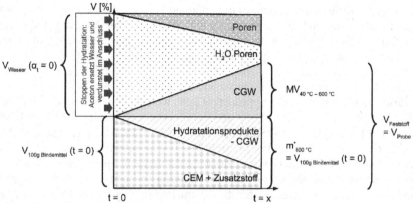

Abb. 28: Darstellung der Normierung auf 100 g Bindemittel (t=0) (Eigene Darstellung nach Röser 2018, S. 103)

Jedoch kann bei der in dieser Arbeit gewählten Nachbehandlungsmethode mit Aceton nicht garantiert werden, dass das gesamte Aceton vor der thermogravimetrischen Untersuchung komplett aus der Probe entwichen ist. Untersuchungen zeigten, dass das verbleibende Aceton durch ein Vorprogramm von 30 Minuten bei 40 °C im TGA-Gerät ausgetrieben wird. Folglich wird der Wert der Masse bei 600 °C durch den noch enthaltenen Gehalt an Aceton beeinflusst. Dieser Gehalt darf jedoch nicht in die Normierung mit einfließen. Nach RÖSER wird eine neue angepasste Masse bei 600 °C ($m^*_{600\,°C}$) eingeführt, welche davon ausgeht, dass die initiale Probenmasse bei 40 °C vorliegt. Die Masse $m^*_{600\,°C}$ gibt dann die Masse des ursprünglich in der Mischung enthaltenen Bindemittels an, auf die die ermittelten Werte normiert werden. An einer 28 Tage alten und mit 20 M.-% Kalksteinmehl modifizierten Zementleimprobe konnte Röser diese Normierungsmethode mit der Bestimmung des Calciumcarbonatgehaltes validieren. (Röser 2018, S. 86–90) Das rechnerische Vorgehen zur Ermittlung der normierten Werte für den Calciumhydroxidgehalt ($Ca(OH)_2$) und das chemisch gebundene Wasser (CGW) sind den Gleichungen 3.5 und 3.6 zu entnehmen.

$$m^*_{600\,°C} \text{ [M.-\%]} = \frac{m_{600\,°C} \text{ [M.-\%]}}{100 \text{ M.-\%} - MV_{RT\text{-}40\,°C} \text{ [M.-\%]}} \cdot 100 \text{ M.-\%} \tag{3.4}$$
$$= 100\,\text{g Bindemittel}\,(t=0)$$

$$Ca(OH)_2 \text{ normiert [g/100g Bindemittel]} = \frac{Ca(OH)_2 \text{ [M.-\%]}}{m^*_{600\,°C} \text{ [M.-\%]}} \cdot 100 \tag{3.5}$$

$$CGW \text{ normiert [g/100g Bindemittel]} = \frac{CGW \text{ [M.-\%]}}{m^*_{600\,°C} \text{ [M.-\%]}} \cdot 100 \tag{3.6}$$

Bei der Ermittlung des chemisch gebundenen Wassers der Zementleimproben in der vorliegenden Arbeit wurde zudem eine Korrektur der Ausgangsstoffe durchgeführt. Dieses Verfahren beruht darauf, dass insbesondere der verwendete Rohton als Ausgangsstoff Bestandteile enthält, welche bei thermogravimetrischen Analysen einen Massenverlust bis 600 °C erzeugen. Dieser umfasst zum einen das Zwischenschichtwasser sowie die Dehydroxylierung der Tonminerale. Würde dieser Effekt nicht herausgerechnet werden, wären die Ergebnisse für das chemisch gebundene Wasser in den Proben, welche den Rohton enthalten, überschätzt. Folglich wurde mithilfe der TGA-Ergebnisse der Ausgangsstoffe jeweils der Massenverlust des betrachteten Temperaturintervalls bestimmt und über den in der Mischung vorhandene Anteil von dem gemessenen Massenverlust des Gemisches abgezogen. Die Berechnungsformel ist Gleichung 3.7 zu entnehmen, in der die Variable x für die Austauschrate des Zusatzstoffes steht. Eine Austauschrate von 20 M.-% entspricht einem Wert für x von 0.2.

CGW normiert und korrigiert [g/100g Bindemittel]

$$= CGW\,norm. - (1 - x) \cdot \frac{CGW_{Zement}}{m_{Zement;\,40\,°C}} \cdot 100 - x \cdot \frac{CGW_{Zusatzstoff}}{m_{Zusatzstoff;\,40\,°C}} \cdot 100 \qquad (3.7)$$

Bei den Zementleimproben sind im Temperaturbereich von 40 °C bis etwa 300 °C deutlich zwei sich überlagernde Peaks erkennbar. Die alleinige Bestimmung des chemisch gebundenen Wassers (CGW) über das oben beschriebene Verfahren scheint folglich nicht ausreichend zu sein, um die parallel ablaufenden Prozesse zu analysieren. Der genannte Temperaturbereich umfasst die Zerfallstemperaturen von zahlreichen Elementverbindungen, welche in zementgebundenen Systemen auftreten können. Eine detaillierte Separierung aller bei der thermischen Analyse ablaufenden Prozesse ist folglich nicht möglich. Jedoch soll in der vorliegenden Arbeit die Trennung von drei Prozessen in dem Temperaturbereich von 40 °C bis etwa 300 °C durchgeführt werden.

Das Vorgehen basiert auf ersten Untersuchungen von WEISE an Zementleimproben, welche mit Hüttensand modifiziert wurden. Ihre Studie zeigte, dass die Ergebnisse von thermogravimetrischen Analysen im Temperaturbereich von 40 °C bis etwa 325 °C am besten mit drei überlagerten Gaußkurven angenähert werden können. WEISE führte in ihrer Arbeit Simulationsdurchläufe mit Gauß- und Lorentzkurven durch und variierte die Anzahl der zu verwendenden Kurven. (Weise 2018, S. 117)

Auf der Grundlage dieser Ausführungen wurden die Ergebnisse der thermogravimetrischen Analysen der vorliegenden Arbeit verwendet, um das chemisch gebundene Wasser im Temperaturbereich von 40 °C bis etwa 300 °C drei parallel ablaufenden Prozessen zuzuordnen. Hierfür wurde die Ableitung der TG-Kurve (DTG-Kurve) verwendet. Die untere Grenze des relevanten Temperaturbereiches

wurde auf 40 °C festgelegt, wohingegen die obere Grenze um etwa 300 °C individuell für jeden Datensatz bestimmt wurde (Abb. 29). Hierfür wurde das Ende
der Prozesse jeweils subjektiv geschätzt. Die obere Grenze des Temperaturbereiches variiert für die gesamten analysierten Proben zwischen 300 °C und 335 °C.
Nachdem der spezifische Temperaturbereich bestimmt wurde, fand eine Normierung des Datensatzes durch eine Basislinie statt (Abb. 30). Mithilfe der Software
Origin 2015 wurde anschließend dieser normierte Kurvenverlauf jeweils mit drei
Gaußkurven abgebildet. Das Kumulieren der drei Kurven zeigt eine gute Über-
einstimmung mit den Messergebnissen (vgl. exemplarisch Abb. 31).

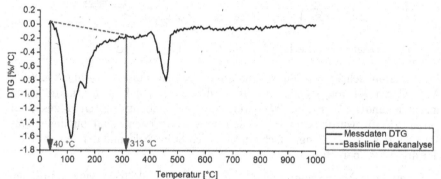

Abb. 29:   Darstellung der Basislinie für die Peakanalyse

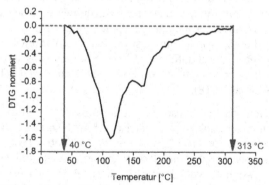

Abb. 30:   Messdaten DTG normiert auf die Basislinie

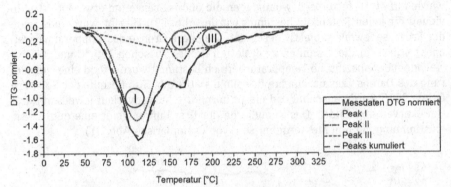

Abb. 31: Peakanalyse exemplarisch (Referenz Zementleim, 1 Tag)

Im nächsten Schritt wurden die Integrale der drei Kurven bestimmt. Für die Auswertung der vorliegenden Arbeit wurde das in den Proben ermittelte chemisch gebundene Wasser (CGW) jeweils auf die drei identifizierten Prozesse aufgeteilt. Hierfür wurde der Anteil eines Prozesses am chemisch gebundenen Wasser über das Verhältnis der Fläche des betrachteten Peaks und der Gesamtfläche der drei Peaks berechnet.

Die thermogravimetrischen Analysen der Proben des R^3-Tests wurden durchgeführt, um den R^3-Test als einfaches Untersuchungsverfahren zu evaluieren und nähere Informationen über das Reaktionsverhalten der betrachteten Materialien zu erlangen. Damit die gravimetrischen Ergebnisse dieses Tests mit den Werten der TGA-Messungen verglichen werden können, wurde das chemisch gebundene Wasser bei diesen Proben zunächst analog zum Vorgehen im R^3-Test bestimmt. Beim von LI et al. durchgeführten R^3-Test wird der Massenverlust der Proben im Temperaturbereich von 105 °C bis 350 °C dem chemisch gebundenen Wasser zugeordnet (Li et al. 2018).

Zum Vergleich wurde in dieser Arbeit der Massenverlust der Proben des R^3-Tests zusätzlich mit der thermogravimetrischen Analyse (TGA) bestimmt. Dafür wurden zum einen die bei 105 °C im Ofen getrockneten Proben (Nummer_105) sowie Probekörper nachbehandelt mit Aceton anstelle der Ofentrocknung (Nummer_Ac) verwendet (vgl. Kapitel 3.4.5.2). Beim R^3-Test wird das chemisch gebundene Wasser durch den Massenverlust von 105 °C bis 350 °C, bezogen auf die bei 105 °C getrocknete Probe, angegeben. Um die Ergebnisse vergleichbar darzustellen, wurde der jeweils im TGA-Gerät gemessene Massenverlust von 105 °C bis 350 °C auf die Masse bei 105 °C normiert. Die Masse bei 105 °C wurde zusätzlich korrigiert um den Massenverlust von Raumtemperatur bis 40 °C, welcher dem Entweichen von Aceton, wie oben ausführlich erläutert, zugeordnet wird. Aus diesen Ausführungen folgt die Normierung auf die angepasste Masse bei 105 °C ($m^*_{105\,°C}$), deren Berechnung in Gleichung 3.8 abgebildet ist. Das normierte chemisch gebundene Wasser in den Proben, angegeben in Gramm pro 100 g bei 105 °C getrockneter Probe, welches dem Vergleich der Ergebnisse mit dem R^3-Test dient (CGW-R^3), berechnet sich folglich nach Gleichung 3.9.

$$m^*_{105\,°C} \text{ [M.-\%]} = \frac{m_{105\,°C} \text{ [M.-\%]}}{100 \text{ M.-\%} - MV_{RT-40\,°C} \text{ [M.-\%]}} \cdot 100 \text{ M.-\%} \tag{3.8}$$

$$CGW\text{-}R^3 \text{ [g/100g getrocknete Probe]} = \frac{MV_{105\,°C-350\,°C} \text{ [M.-\%]}}{m^*_{105\,°C} \text{ [M.-\%]}} \cdot 100 \tag{3.9}$$

Die Berechnung und Normierung weiterer erforderlicher Werte aus den thermogravimetrischen Messdaten der Proben des R^3-Tests erfolgen über ein für diese Studie entwickeltes Reaktionsmodell. Da dieses Modell einen wesentlichen Bestandteil der vorliegenden Arbeit darstellt, wird es in einem eigenen Kapitel detailliert erläutert (Kapitel 4). In diesem Kapitel wird zudem das Vorgehen bei der Auswertung von thermogravimetrischen Messdaten der R^3-Proben anhand des entwickelten Modells beschrieben.

3.4.2 Röntgendiffraktometrie (XRD)

3.4.2.1 Allgemeine Beschreibung des Untersuchungsverfahrens

Um die kristalline Zusammensetzung sowie den Anteil von amorphen Phasen eines Stoffes zu bestimmen, kann ein Röntgendiffraktometer (XRD) verwendet werden. Ein Röntgendiffraktometer leitet gezielt Röntgenstrahlen mit variierendem Einfallswinkel auf eine pulverförmige Probe. Im Anschluss bestimmt ein Detektor die Intensität der von der Probe reflektierten Röntgenstrahlung. Für jede Kristallstruktur existiert ein charakteristischer Verlauf der Intensität der Strahlung in Abhängigkeit des Einfallswinkels auf die Probe (Diffraktogramm), der den Messergebnissen im Anschluss zugeordnet werden kann.

3.4.2.2 Durchführung und Auswertung der Ergebnisse

Die Untersuchungen der Ausgangsstoffe der vorliegenden Arbeit sowie ergänzende Analysen von Proben des R^3-Tests wurden mit dem Röntgendiffraktometer D2 PHASER der Firma Bruker durchgeführt, welches über eine Kupferanode sowie einen linearen LYNXEYE-Detektor verfügt (Abb. 32 und Abb. 33). Die Analyse erfolgte mit einer Beschleunigungsspannung von 30 kV und einem Röhrenstrom von 10 mA. Die Proben wurden im Winkelbereich zwischen 5° und 70° jeweils in Schritten von 0.02° gemessen. Die Messzeit pro Schritt wurde zu zwei Sekunden gewählt. Die pulverförmigen Proben wurden jeweils auf einen Standard-Probenhalter aus Stahl gegeben und über die Seitenfülltechnik mit einer Glasplatte geebnet (Abb. 34 und Abb. 35).

Die Ergebnisse der XRD-Messungen dienten vorwiegend dafür, den röntgenamorphen Anteil in den jeweiligen Proben zu bestimmen. Hierfür wurde die Funktion „Kristallinität berechnen" der Software DIFFRAC.EVA V4.2 verwendet. Ergänzend wurden Proben bezüglich ihrer Phasenzusammensetzungen für die Auswertung und Diskussion der Ergebnisse der vorliegenden Arbeit mithilfe der Funktion „Suchen / Finden (Scan)" derselben Software analysiert.

Abb. 32: XRD-Gerät geschlossen

Abb. 33: XRD-Gerät geöffnet

Abb. 34: Probe im XRD-Gerät

Abb. 35: Standard-Probenhalter

3.4.3 Rasterelektronenmikroskop (SEM und EDX)

3.4.3.1 Allgemeine Beschreibung des Untersuchungsverfahrens

Ein Rasterelektronenmikroskop wird genutzt, um zu untersuchende Proben stark zu vergrößern. Dafür wird ein Elektronenstrahl nach einem bestimmten Muster über die Probe geführt. Durch die Wechselwirkung der Elektronen mit den oberflächennahen Bereichen der Probe wird ein Bild erzeugt. Die Abkürzung SEM leitet sich von der englischen Bezeichnung „scanning electron microscope" ab.

Die Bilder für die vorliegende Arbeit wurden mithilfe von Rückstreuelektronen erzeugt. Sie werden, abgeleitet aus dem englischen Begriff „backscattered electrons", als BSE abgekürzt. Dabei handelt es sich um von der Probe zurückgestreute Primärelektronen des Elektronenstrahls. Die Intensität wird mithilfe eines Detektors erfasst und ist insbesondere von der Ordnungszahl des jeweiligen bestrahlten Elementes abhängig. Elemente mit einer hohen Ordnungszahl bewirken eine stärkere Rückstreuung und die entsprechenden Bereiche erscheinen hell auf dem Bild. Leichtere Elemente hingegen werden in der Aufnahme dunkler dargestellt. Die im Bild aufgezeichneten Materialkontraste können Rückschlüsse auf die chemische Zusammensetzung der untersuchten Probe zulassen.

Ergänzend hierzu wurden Elementanalysen mit dem SEM durchgeführt. Diesbezüglich verfügt das verwendete Rasterelektronenmikroskop über die Möglichkeit der qualitativen und quantitativen Elementanalyse mittels Röntgenstrahlen. Dieses Verfahren wird als EDX, abgeleitet aus dem Englischen „energy dispersive X-ray analysis", abgekürzt. Röntgenstrahlung entsteht dabei, wenn ein Elektron aus dem Elektronenstrahl auf ein Atom der Probe auftrifft und dabei ein kernnahes Elektron heraus schlägt. Die entstehende Lücke wird sofort von einem anderen Elektron aus einer höheren Schale besetzt. Durch die Energiedifferenz entsteht Röntgenstrahlung, welche in ihrer Intensität charakteristisch für verschiedene Elemente ist. Ein spezieller Detektor misst die Intensität der frei werdenden Energie, sodass das entsprechende Element direkt identifiziert werden kann. Die Elementanalyse mittels EDX kann punktuell, entlang einer festgelegten Linie (Line-Scan) oder für das gesamte Bild (Mapping) erfolgen.

3.4.3.2 Durchführung und Auswertung der Ergebnisse

Für die Analysen der vorliegenden Arbeit wurde das Rasterelektronenmikroskop EVO® LS 25 der Firma Zeiss verwendet. Die Beschleunigungsspannung wurde auf 15 kV festgelegt und der Strahlstrom für die Messungen betrug 2.0 nA bzw. 8.0 nA. Abbildung 36 zeigt das verwendete Rasterelektronenmikroskop von außen und in Abbildung 37 sind die Proben auf der Probenhalterung zu erkennen.

Abb. 36:   Rasterelektronenmikroskop (links)
Abb. 37:   Probekörper auf der Halterung im Rasterelektronenmikroskop (rechts)

3.4.4 Ionenlöslichkeit

Die Bestimmung der Ionenlöslichkeit ist ein wichtiges Verfahren zur Beschreibung des Reaktionsverhaltens von Stoffen. Die gelösten Ionen stehen für Reaktionen mit anderen Materialien zur Verfügung und geben folglich Auskunft über die Reaktionsfähigkeit eines Stoffes.

Die Proben der vorliegenden Arbeit wurden wie unter 3.3.4 beschrieben hergestellt. Die Elementanalysen von Silicium-, Aluminium- und Calciumionen wurden mithilfe einer Massenspektrometrie mit induktiv gekoppeltem Plasma (ICP-MS) extern von der Firma Eurofins Umwelt West GmbH durchgeführt. Da es sich dabei um ein sehr komplexes Analyseverfahren handelt, wird an dieser Stelle auf eine umfänglichere Erläuterung des Vorgehens bei der Messung verzichtet.

3.4.5 R³-Test

3.4.5.1 Allgemeine Beschreibung des Untersuchungsverfahrens

Als R^3-Test wird ein von AVET et al. im Jahre 2016 beschriebener Test zur Bestimmung der puzzolanischen Reaktivität von metakaolinhaltigen, calcinierten Tonen bezeichnet. Die Bezeichnung R^3 leitet sich davon ab, dass die Testmethode als „rapid, relevant and reliable" beschrieben wird. Für das Testverfahren wird zunächst eine alkalische Emulsion aus Calciumhydroxid ($Ca(OH)_2$), Kaliumsulfat (K_2SO_4), Kaliumhydroxid (KOH) und Wasser hergestellt (vgl. Kapitel 3.3.3). Die Zusammensetzung wurde so konzipiert, dass sie die Eigenschaften von bestimmten Bindemittelsystemen simuliert. Für unterschiedliche Analysen wird das zu untersuchende Material im Anschluss mit der alkalischen Emulsion gemischt. AVET et al. führten mit diesen Mischungen zum einen kalorimetrische Untersuchungen und zum anderen Analysen des chemisch gebundenen Wassers durch. (Avet et al. 2016)

Das Technische Komitee von RILEM nahm den R³-Test in ihr 2018 veröffentlichtes Dokument als Reaktivitätstest für Zusatzstoffe zementgebundener Systeme mit auf. In einem Round Robin Test untersuchten LI et al. zehn verschiedene Testverfahren zur Beurteilung der Reaktivität von elf unterschiedlichen Zusatzstoffen. Unter den Tests waren zum einen weit verbreitete standardisierte Verfahren, wie beispielsweise der Chapelle-Test (NF P18-513), der Frattini-Test (DIN EN 196-5) und die Bestimmung des reaktiven Siliciumdioxidgehaltes (DIN EN 197-1 und DIN EN 169-2). Zum anderen wurden unterschiedliche Varianten des obig beschriebenen R³-Tests untersucht. Die Tests zur Beurteilung der Reaktivität wurden anhand der 28-Tage-Druckfestigkeit von Standardmörteln mit einer Austauschrate von 30 M.-% evaluiert. Neben der Korrelation der Ergebnisse mit der Festigkeit wurde auch die Vergleichbarkeit der Versuchsergebnisse aus unterschiedlichen Laboren untersucht. (Li et al. 2018)

Für die verschiedenen R³-Tests wurde jeweils der zu untersuchende Zusatzstoff mit der obig beschriebenen alkalischen Emulsion gemischt. Im Anschluss wurden kalorimetrische Untersuchungen bis zum siebten Tag durchgeführt, das chemisch gebundene Wasser sowie der Konsum von Calciumhydroxid nach sieben Tagen bestimmt und das chemische Schwinden bis zum 14. Tag untersucht. (Li et al. 2018)

Der gesamte Round Robin Test wies die besten Korrelationen zu der 28-Tage-Druckfestigkeit sowie die geringsten Abweichungen der Ergebnisse in verschiedenen Laboren mit den R³-Tests zur Bestimmung des chemisch gebundenen Wassers und den kalorimetrischen Untersuchungen nach. Folglich werden diese beiden Verfahren vom Technischen Komitee (RILEM) als besonders geeignet zur Bestimmung der Reaktivität von Zusatzstoffen zementgebundener Systeme eingestuft. (Li et al. 2018)

Auf dieser Grundlage wurde die Ermittlung des chemisch gebundenen Wassers im R³-Test für die Untersuchung des Reaktionsverhaltens der Materialien in der vorliegenden Arbeit ausgewählt. An dieser Stelle sei zu erwähnen, dass der Begriff R³-Test in den nachfolgenden Ausführungen für den R³-Test zur Bestimmung des chemisch gebundenen Wassers verwendet wird.

3.4.5.2 Durchführung und Auswertung der Ergebnisse

Für die Bestimmung des chemisch gebundenen Wassers im R³-Test wurden die Proben zunächst nach den Ausführungen in Kapitel 3.3.3 hergestellt. Als Prüfzeitpunkte wurden entsprechend des restlichen Versuchsprogramms ein Tag, sieben und 28 Tage gewählt. In den Untersuchungen von AVET et al. wurden die

Proben nach einem Tag geprüft, LI et al. wählten sieben Tage für das vorgeschlagene Prüfverfahren aus (Avet et al. 2016, S. 3; Li et al. 2018, S. 151). Demnach deckt das Versuchsprogramm der vorliegenden Arbeit beide Zeitpunkte aus
der Literatur ab und umfasst zusätzlich Untersuchungen nach 28 Tagen, um der
etwaig langsam ablaufenden puzzolanischen Reaktion gerecht zu werden. Zudem ist es dadurch möglich, Vergleiche mit den Ergebnissen der Löslichkeitsuntersuchungen, den 28-Tage-Druckfestigkeiten sowie den thermogravimetrischen
Messungen der zusatzstoffmodifizierten Zementleime durchzuführen.

Nach Ablauf der Prüfungszeit wurden zunächst jeweils 7 g der Proben entnommen und dreimalig mit 5 ml einer über 99,5 %-igen Aceton-Lösung benetzt, um
das verbleibende freie Wasser zu entfernen. Die gemörserten Proben (Bezeichnung: Nummer_Ac) wurden im Anschluss thermogravimetrisch untersucht. Der
Rest der Probe wurde jeweils zerkleinert und in einem Ofen bei 105 °C bis zur
Massenkonstanz getrocknet. Um die Ergebnisse des R^3-Tests mit denen von thermogravimetrischen Analysen zu unterscheiden und um den Unterschied der
Nachbehandlung mit Aceton und der Ofentrocknung zeigen zu können, wurde
an dieser Stelle erneut jeweils 7 g der Probe entnommen und gemörsert (Bezeichnung: Nummer_105). Aus Gründen des Umfangs für diese Arbeit wurden
die thermogravimetrischen Analysen der Proben des R^3-Tests (Nummer_Ac und
Nummer_105) lediglich nach sieben Tagen durchgeführt. Im Anschluss wurden
von jeder Mischung 30 g abgewogen und jeweils zwei Stunden einer Temperatur
von 350 °C im Ofen ausgesetzt. Das chemisch gebundene Wasser wurde als Massendifferenz der Probe vor und nach dieser thermischen Behandlung definiert.
(Li et al. 2018, S. 6) Die Angabe der Ergebnisse erfolgt in Gramm chemisch gebundenem Wasser bezogen auf 100 g getrockneten Probe. Abbildung 38 fasst
die einzelnen Schritte der Durchführung des R^3-Tests zusammen und zeigt, an
welchen Stellen die Proben für die TGA-Messungen entnommen wurden.

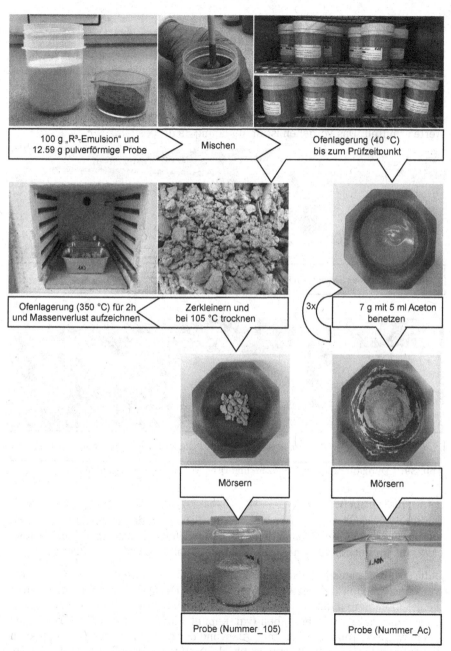

Abb. 38: Durchführung des R³-Tests und Entnahme der pulverförmigen Proben (TGA)

3.4.6 Biegezug- und Druckfestigkeit

Die Biegezug- und Druckfestigkeit wurde an den Zementleimproben nach 28 Tagen bestimmt. Für jede Mischungszusammensetzung wurde zunächst die Zugfestigkeit der drei Leimprismen (vgl. Kapitel 3.3.5) mithilfe des Dreipunkt-Biegezug-Versuchs ermittelt. Im Anschluss wurden jeweils mit den beiden getrennten Enden jedes Prismas Druckversuche durchgeführt. Folglich wurden für die Zugfestigkeit jeder Mischung drei Werte und für die Druckfestigkeit jeweils sechs Werte ermittelt. Das Vorgehen ist in Abbildung 39 dargestellt.

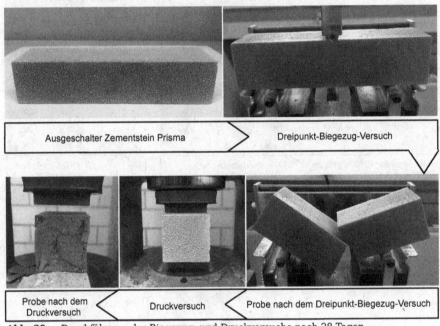

Ausgeschalter Zementstein Prisma   Dreipunkt-Biegezug-Versuch

Probe nach dem Druckversuch   Druckversuch   Probe nach dem Dreipunkt-Biegezug-Versuch

Abb. 39: Durchführung der Biegezug- und Druckversuche nach 28 Tagen

3.4.7 „Tunkversuch"

Um die Wechselwirkung der verschiedenen Schichten des ungemahlenen calcinierten Tons (CTS) mit Zementleim zu untersuchen, wurde ein Versuch entwickelt, welcher in der vorliegenden Arbeit als „Tunkversuch" bezeichnet wird.

Dafür wurden calcinierte Tonstücke (CTS) zunächst mithilfe einer Präzisionstrennmaschine mit der Bezeichnung IsoMet der Firma Buehler durchtrennt und die gesägten Seiten glatt geschliffen. Im nächsten Schritt wurde ein Zementleim analog zu den Zementleimproben (vgl. Kapitel 3.3.5) mit dem CEM I 52.5N und einem w/z-Wert von 0.6 hergestellt. Aufgrund der geringen benötigten Menge an Zementleim für den „Tunkversuch" wurde der Leim manuell gemischt. Der Zementleim wurde im Anschluss in Plastikgefäße mit einem Fassungsvermögen von 120 ml gefüllt, sodass jedes Gefäß jeweils etwa 0.5 cm hoch gefüllt war. Die aufgesägten Proben wurden mit ihrer Schnittfläche in dem frischen Zementleim platziert und die Plastikgefäße luftdicht verschlossen bei 20 °C für 28 Tage gelagert.

Im Anschluss wurde der Zementstein mit dem eingeschlossenen calcinierten Tonstück aus dem Gefäß herausgelöst und mithilfe der Präzisionstrennmaschine aufgesägt. Das gesamte Vorgehen der Probekörperherstellung für den „Tunkversuch" ist Abbildung 40 zu entnehmen. Die Probekörper wurden im Anschluss, wie unter Kapitel 3.3.2 beschrieben, für die Untersuchung im Rasterelektronenmikroskop vorbereitet. Die Interaktion der beiden Schichten der calcinierten Tonstücke mit dem Zementleim an den jeweiligen Schnittflächen der Proben wurde mithilfe eines Rasterelektronenmikroskops untersucht.

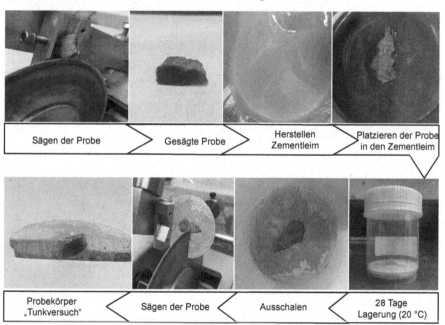

Abb. 40: Vorbereitung des Probekörpers für den „Tunkversuch"

4 Reaktionsmodell zur Auswertung von TGA-Ergebnissen der R³-Proben

Um das vereinfachte Verfahren des R³-Tests zu evaluieren und nähere Informationen über das Reaktionsverhalten der betrachteten Materialien zu erlangen, wurden mit den R³-Proben zusätzlich thermogravimetrische Messungen durchgeführt. Die Proben wurden dem R³-Test, wie in Abbildung 38 dargestellt (Kapitel 3.4.5.2), entnommen und vor der Durchführung der TGA-Messung jeweils mit Aceton nachbehandelt bzw. bei 105 °C getrocknet. Das vorliegende Kapitel beschreibt ein in dieser Arbeit entwickeltes Reaktionsmodell, welches zur Auswertung der Messergebnisse Verwendung findet.

Um zu evaluieren, wie gut durch das Verfahren des R³-Tests der Gehalt an chemisch gebundenem Wasser abgebildet werden kann, wird das chemisch gebundene Wasser in den Proben analog zu dem zuvor für die Zementleimproben beschriebenen Verfahren ermittelt (Berechnung des CGW als Massenverlust von 40 °C bis 600 °C abzüglich des Massenverlustes, welcher dem Calciumhydroxid zuzuordnen ist und korrigiert um den Massenverlust von 40 °C bis 600 °C des enthaltenen Zusatzstoffes). Weiterhin soll überprüft werden, wie viel Calciumhydroxid in den Proben von dem jeweiligen Zusatzstoff verbraucht wurde. Die Kenntnis darüber erlaubt eine Einschätzung der Reaktivität der untersuchten Materialien und dient der Überprüfung, ob der R³-Test geeignet ist, das Reaktionsverhalten von Zusatzstoffen ausreichend genau abzubilden.

Die Normierung der TGA-Ergebnisse kann jedoch für die Proben des R³-Tests nicht analog zu den Zementleimproben erfolgen. Während die Normierung von thermogravimetrisch gemessenen Proben, welche Zement und verschiedene Zusatzstoffe enthalten, ein weitgehend etabliertes Verfahren in der Literatur darstellt, musste für die Auswertung der Ergebnisse der R³-Proben ein eigenes Modell entwickelt werden. Hierfür wurden zunächst die bei dem R³-Test stattfindenden Prozesse vereinfacht dargestellt. Bekannt sind die aus dem Versuchsprogramm resultierenden Einwaagemengen des zu untersuchenden Puzzolans (12.59 g), des Wassers (60.43 g), des Calciumhydroxids (37.77 g) sowie des Kaliumhydroxids und Kaliumsulfats (0.32 g + 1.48 g = 1.8 g). Da in dem luftdicht verschlossenen Gefäß während der Reaktionsprozesse Volumenkonstanz

© Springer Fachmedien Wiesbaden GmbH, ein Teil von Springer Nature 2020
K. Weise, *Über das Potenzial von calciniertem Ton in zementgebundenen Systemen*, Werkstoffe im Bauwesen | Construction and Building Materials, https://doi.org/10.1007/978-3-658-28791-7_4

angenommen wird, können die Volumina der Stoffe, deren Gesamtwert sich nicht verändert, aufgezeigt werden. Bei der Beschreibung der Reaktionsprozesse wird vereinfacht angenommen, dass das Kaliumhydroxid und das Kaliumsulfat im Zeitverlauf nicht reagieren. Durch die puzzolanische Reaktion werden Teile des Calciumhydroxids, des Wassers und des untersuchten Stoffes in Hydratphasen gebunden. Infolgedessen entstehen Reaktionsprodukte, die chemisch gebundenes Wasser (CGW) enthalten. Durch die Volumenverkleinerung beim Übergang von freiem in chemisch gebundenes Wasser entstehen außerdem Poren. In dem vereinfachten Reaktionsmodell, welches in Abbildung 41 dargestellt ist, wird aus Gründen der Übersichtlichkeit vernachlässigt, dass Teile des Calciumhydroxids mit Wasser und Sauerstoff aus der im Gefäß eingeschlossenen Luft zu Calciumcarbonat reagieren können (Carbonatisierung). Der Gehalt an Calciumcarbonat in den Proben wird bei der Berechnung des Konsums von Calciumhydroxid durch das untersuchte Puzzolan an späterer Stelle berücksichtigt.

Das Gewicht der im TGA-Gerät untersuchten Probe ist von der Art der Nachbehandlung abhängig. Wird das freie Wasser in den Proben durch Aceton entfernt, bleiben nahezu alle weiteren Komponenten in der Probe erhalten. Wie die Ergebnisse (vgl. Kapitel 5.3.3) zeigen, wird durch die Trocknung bei 105 °C ein Teil der Hydratphasen zerstört, indem neben dem freien auch chemisch gebundenes Wasser entfernt wird. Außerdem zerfallen durch die Trocknung bei 105 °C unter Umständen auch Bestandteile des verwendeten Puzzolans (in der vorliegenden Arbeit insbesondere des Rohtons). Die Kenntnis dieser Unterschiede in der Nachbehandlung sind von besonderer Bedeutung, da sich dadurch die Masse der untersuchten Probe und folglich auch die Anteile der Komponenten darin ändern. Grafisch ist dieser Umstand in den Abbildungen 41 und 42 dargestellt.

Zur Auswertung der thermogravimetrischen Ergebnisse der Proben des R^3-Tests wurde zunächst die Masse der Probe berechnet. Sie ergibt sich nach dem entwickelten Modell jeweils aus der ursprünglichen Masse aller verwendeten Feststoffe (Puzzolan, Calciumhydroxid, Kaliumhydroxid und Kaliumsulfat) von 52.16 g (12.59 g + 37.77 g + 0.32 g + 1.48 g = 52.16 g) zuzüglich des chemisch gebundenen Wassers. Der Anteil des chemisch gebundenen Wassers an der Masse der gesamten Probe wird analog zu den Zementleimproben über den Massenverlust von 40 °C bis 600 °C abzüglich des Massenverlustes, welcher dem Calciumhydroxid zuzuordnen ist und korrigiert um den Massenverlust von 40 °C bzw. 105 °C bis 600 °C des enthaltenen Zusatzstoffes bestimmt. Dabei wird zudem die obig beschriebene Normierung der Daten berücksichtigt, welche der Temperatur von 40 °C 100 M.-% der Probe zuordnet. Die Berechnung des Anteils an chemisch gebundenem Wasser in der Probe ist der Gleichung 4.1 für die Acetonnachbehandlung und der Gleichung 4.2 für die Trocknung bei 105 °C zu entnehmen.

Bei der Nachbehandlung mit Aceton wird angenommen, dass keine Bestandteile des untersuchten Puzzolans zerstört werden. Folglich bleibt die Masse der initial in der Mischung vorhandenen Feststoffe von 52.16 g erhalten und die Probenmasse kann mithilfe der Information über den Anteil des chemisch gebundenen Wassers nach der Gleichung 4.3 berechnet werden. Bei der Trocknung der Probe bei 105 °C im Ofen vor der thermogravimetrischen Messung können, insbesondere bei den Proben, welche den Rohton enthalten, Bestandteile des Puzzolans zerfallen. Die Masse der initial vorhandenen Feststoffe von 52.16 g sinkt infolgedessen durch die Nachbehandlung bei 105 °C. Diesem Umstand wird Rechnung getragen, indem die Berechnung der Probenmasse analog zu Gleichung 4.4 erfolgt. Dabei wird die Masse der initial vorhandenen Feststoffe zunächst um den Anteil des Puzzolans verringert, der im Temperaturbereich zwischen 40 °C und 105 °C zerfällt. Im Anschluss erfolgt die Berechnung der Probenmasse analog zur Nachbehandlung mit Aceton, indem der Anteil des chemisch gebundenen Wassers einbezogen wird.

$$CGW_{Probe-Aceton} \text{ [M.-\%]}$$
$$= \left(\frac{MV_{40\,°C-600\,°C} - MV_{CH}}{m_{40\,°C}} - \frac{12.59g}{52.16g} \cdot \frac{MV_{Puzzolan:\,40\,°C-600\,°C}}{m_{Puzzolan:\,40\,°C}} \right) \cdot 100\,M.\text{-\%} \qquad (4.1)$$

$$CGW_{Probe-105\,°C} \text{ [M.-\%]}$$
$$= \left(\frac{MV_{40\,°C-600\,°C} - MV_{CH}}{m_{40\,°C}} - \frac{12.59\,g}{52.16\,g} \cdot \frac{MV_{Puzzolan:\,105\,°C-600\,°C}}{m_{Puzzolan:\,105\,°C}} \right) \cdot 100\,M.\text{-\%} \qquad (4.2)$$

$$m_{Probe-Aceton} = \frac{52.16g}{1 - CGW\,[M.\text{-\%}]/100\,M.\text{-\%}} \qquad (4.3)$$

$$m_{Probe-105\,°C}$$
$$= 52.16g \cdot \left(1 - \frac{12.59g}{52.16g} \cdot \frac{MV_{Puzzolan:\,40\,°C-105\,°C}}{m_{Puzzolan:\,40\,°C}} \right) \cdot \frac{1}{1 - CGW\,[M.\text{-\%}]/100\,M.\text{-\%}} \qquad (4.4)$$

Die Abbildungen 41 und 42 zeigen zudem, warum bei den Proben des R³-Tests die Normierung der Zementleimproben auf die angepasste Masse bei 600 °C ($m^*_{600\,°C}$) nicht analog verwendet werden kann. Die Masse bei 600 °C aus den thermogravimetrischen Messdaten ergibt sich nach dem entwickelten Modell aus den in den Abbildungen gezeigten Komponenten (1 - 4). Bei der thermogravimetrischen Messung entweicht bis 600 °C zum einen das gesamte chemisch gebundene Wasser (a) und zum anderen können Massenverluste bis 600 °C unter Umständen auch auf Bestandteile des verwendeten Puzzolans (in der vorliegenden Arbeit insbesondere des Rohtons) zurückgeführt werden (b). Weiterhin zerfällt das in der Probe vorhandene Calciumhydroxid im Temperaturbereich von etwa 400 °C bis 500 °C (c). Der gemessene Massenverlust ist dabei auf das entweichende Wasser aus dem Calciumhydroxid zurückzuführen.

Werden diese Komponenten von der Probenmasse abgezogen, bilden die verbleibenden Bestandteile die gemessene Masse bei 600 °C (1 - 4 in Abb. 41 und 42). Darunter fallen zum einen die unreagierten Bestandteile des Puzzolans, welche bis 600 °C nicht zerfallen sind und die gebildeten Reaktionsprodukte abzüglich des darin enthaltenen chemisch gebundenen Wassers (1 + 2). Zum anderen liegt bei 600 °C auch das Calciumoxid vor, welches durch den Zerfall des Calciumhydroxids zwischen 400 °C bis 500 °C entstanden ist (3). Der letzte Bestandteil der thermogravimetrisch bestimmten Masse bei 600 °C wird dem Kaliumhydroxid und dem Kaliumsulfat zugeordnet (4). Die Formeln zur Berechnung aller Komponenten sind ebenfalls in den Abbildungen 41 und 42 enthalten und werden im Anschluss einzeln kurz erläutert.

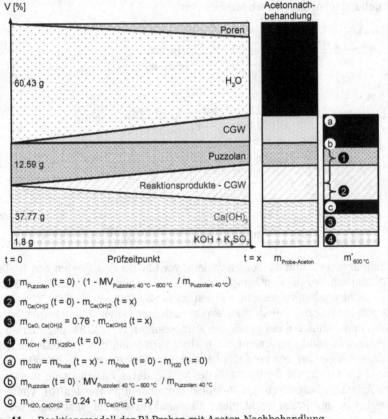

① $m_{Puzzolan}$ $(t = 0) \cdot (1 - MV_{Puzzolan:\ 40\ °C\ -\ 600\ °C}\ /\ m_{Puzzolan:\ 40\ °C})$

② $m_{Ca(OH)2}$ $(t = 0) - m_{Ca(OH)2}$ $(t = x)$

③ $m_{CaO,\ Ca(OH)2} = 0.76 \cdot m_{Ca(OH)2}$ $(t = x)$

④ $m_{KOH} + m_{K2SO4}$ $(t = 0)$

ⓐ $m_{CGW} = m_{Probe}$ $(t = x) - m_{Probe}$ $(t = 0) - m_{H2O}$ $(t = 0)$

ⓑ $m_{Puzzolan}$ $(t = 0) \cdot MV_{Puzzolan:\ 40\ °C\ -\ 600\ °C}\ /\ m_{Puzzolan:\ 40\ °C}$

ⓒ $m_{H2O,\ Ca(OH)2} = 0.24 \cdot m_{Ca(OH)2}$ $(t = x)$

Abb. 41: Reaktionsmodell der R³-Proben mit Aceton Nachbehandlung

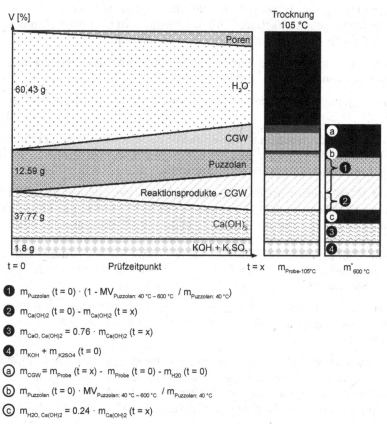

$$\text{①} \quad m_{\text{Puzzolan}} (t = 0) \cdot (1 - MV_{\text{Puzzolan: 40 °C – 600 °C}} / m_{\text{Puzzolan: 40 °C}})$$

$$\text{②} \quad m_{\text{Ca(OH)2}} (t = 0) - m_{\text{Ca(OH)2}} (t = x)$$

$$\text{③} \quad m_{\text{CaO, Ca(OH)2}} = 0.76 \cdot m_{\text{Ca(OH)2}} (t = x)$$

$$\text{④} \quad m_{\text{KOH}} + m_{\text{K2SO4}} (t = 0)$$

$$\text{ⓐ} \quad m_{\text{CGW}} = m_{\text{Probe}} (t = x) - m_{\text{Probe}} (t = 0) - m_{\text{H2O}} (t = 0)$$

$$\text{ⓑ} \quad m_{\text{Puzzolan}} (t = 0) \cdot MV_{\text{Puzzolan: 40 °C – 600 °C}} / m_{\text{Puzzolan: 40 °C}}$$

$$\text{ⓒ} \quad m_{\text{H2O, Ca(OH)2}} = 0.24 \cdot m_{\text{Ca(OH)2}} (t = x)$$

Abb. 42: Reaktionsmodell der R³-Proben mit Ofentrocknung bei 105 °C

In der angepassten Masse bei 600 °C ($m^*_{600 °C}$) enthaltene Bestandteile:

(1) Die Masse des unreagierten Puzzolans sowie der reagierten Teile bei 600 °C ergibt sich aus der ursprünglich in der Mischung vorhandenen Menge an Puzzolan (12.59 g) abzüglich der Bestandteile des Puzzolans, welche bis 600 °C zerfallen.

(2) Die Masse des in Reaktionsprodukten gebundenen Calciumhydroxids wird als Differenz des initialen Gehaltes an Calciumhydroxid (37.77 g) und dem durch die thermogravimetrische Messung ermittelten Gehalt zum Prüfzeitpunkt t = x berechnet.

(3) Der Anteil des nicht reagierten Calciumhydroxids, welcher bei 600 °C nach dem Zerfall zwischen 400 °C und 500 °C vorliegt, wird über das Calciumoxid bestimmt, welches 76 M.-% des Calciumhydroxids beträgt.

(4) Der Gehalt an Kaliumhydroxid und Kaliumsulfat wird über den Zeitverlauf als konstant angenommen.

In der angepassten Masse bei 600 °C ($m^*_{600\,°C}$) nicht enthaltene Bestandteile:

(a) Das chemisch gebundene Wasser wird als Differenz aus der Probenmasse zum Zeitpunkt t = x und der zum Zeitpunkt t = 0 (112.59 g) abzüglich des darin enthaltenen Wasseranteils (60.43 g) berechnet.

(b) Der Massenverlust, welcher bei der alleinigen thermogravimetrischen Messung des Puzzolans bis 600 °C gemessen wurde, ist auch in der Probe anteilig auf den Gehalt des Puzzolans zum Zeitpunkt t = 0 als Massenverlust einzubeziehen. Wird ein Puzzolan untersucht, das keinen bzw. einen nur sehr geringen Anteil seiner Masse bis 600 °C verliert, wie beispielsweise der in dieser Arbeit untersuchte calcinierte Ton (etwa 1 M.-%), würde dieser Massenverlust entfallen bzw. bei der Berechnung vernachlässigt werden können.

(c) Der beim Zerfall des Calciumhydroxids zwischen 400 °C und 500 °C entstehende Anteil an entweichendem Wasser beträgt 24 M.-% des unreagierten Calciumhydroxids.

Die gerundeten Werte 0.24 und 0.76 bei der Berechnung des Anteils an Wasser bzw. Calciumoxid bezogen auf die Masse an Calciumhydroxid ergeben sich aus der in Gleichung 3.1 dargestellten Stöchiometrie über die molaren Massen. Calciumoxid hat an Calciumhydroxid folglich einen Anteil von 75.68 M.-% (56/74).

Den Berechnungen liegen drei Annahmen zugrunde, welche nachfolgend erläutert werden. Die erste Annahme bezieht sich auf die Berechnung des Anteils an Calciumhydroxid, welcher in Reaktionsprodukten infolge der puzzolanischen Reaktion gebunden wurde (2). Der Gehalt des gebundenen Calciumhydroxids wird berechnet über die Differenz des initial vorhandenen Gehaltes bei t = 0 (37.77 g) und dem zum Zeitpunkt t = x in der Probe vorhandenen Calciumhydroxidgehalt. Letzterer wird mithilfe der Tangentenmethode aus den thermogravimetrischen Messdaten ermittelt. Bei dieser Berechnung wird vernachlässigt, dass initial vorhandenes Calciumhydroxid während der Lagerung und / oder der Nachbehandlung mit Wasser und Kohlenstoffdioxid aus der Luft zu Calciumcarbonat reagieren kann (Carbonatisierung). Da der Gehalt sehr gering ist und seine Vernachlässigung bei der Berechnung des Modells in jeden Proben einen ähnlichen Effekt bewirken wird, wurde der Gehalt an Calciumcarbonat an dieser Stelle aus Gründen der Übersichtlichkeit nicht berücksichtigt.

Die zweite vereinfachende Annahme bezieht sich auf die Berechnung derjenigen Bestandteile des verwendeten Puzzolans, welche bis 600 °C zerfallen. Diese wurden in dem entwickelten Modell berechnet, indem der Massenverlust der thermogravimetrischen Messung des reinen Puzzolans unter 600 °C anteilig herausgerechnet wurde. Dieser Berechnung wurde der Anteil des initial beim R³-Test vorhandenen Puzzolans bezogen auf die gesamte Masse der Feststoffe zum Zeitpunkt t = 0 zugrunde gelegt. Außer Acht gelassen wurde an dieser Stelle, dass bei einer puzzolanischen Aktivität des untersuchten Stoffes der Anteil an reinem Puzzolan in der Probe bis zum Zeitpunkt t = x abnimmt. Da in der vorliegenden Studie insbesondere der verwendete Rohton als reines Material einen Massenverlust unter 600 °C auslöst und dieser eine niedrige Puzzolanität aufweist, scheint diese Annahme einen sehr geringen Einfluss auf die Ergebnisse zu haben.

Abschließend geht die dritte Annahme davon aus, dass das in der Probe enthaltene Kaliumhydroxid und Kaliumsulfat nicht an den Reaktionen beteiligt sind (4).

Zur Evaluierung des entwickelten Modells wurde die angepasste Masse bei 600 °C ($m^*_{600\,°C}$) mithilfe der Berechnungsformeln der im Modell enthaltenen Bestandteile nach Abbildung 41 bzw. 42 mit den vorliegenden Daten aus den thermogravimetrischen Messungen des R³-Tests zum einen additiv (Summe der Bestandteile 1 - 4) und zum anderen durch Subtraktion (Differenz aus der Probenmasse (m_{Probe}) und der Summe aus den Bestandteilen a - c) ermittelt. Beide Vorgehensweisen liefern die gleiche rechnerische Masse $m^*_{600\,°C}$. Im nächsten Schritt wurde die rechnerisch bestimmte Masse $m^*_{600\,°C}$ mit der angepassten Masse bei 600 °C verglichen, welche sich durch die Messdaten nach Gleichung 3.4 ergibt. Die rechnerisch über das vorgestellte Modell ermittelten und die über die Messwerte bestimmten Massen $m^*_{600\,°C}$ weisen für alle vorliegenden Daten maximale Abweichungen von 0.04 Prozent auf.

Mithilfe des Modells kann zudem der dem Puzzolan zuzuordnende Konsum an Calciumhydroxid bestimmt werden. Da bei dieser Berechnung durchaus der Anteil an Calciumhydroxid relevant ist, welcher in Calciumcarbonat gebunden ist, wurde zunächst der Gehalt an Calciumcarbonat in den Proben des R³-Tests bestimmt. Dieser wurde jeweils als Massenverlust der Probe im Temperaturbereich von etwa 600 °C bis 750 °C abzüglich des anteiligen Massenverlustes des Ausgangsstoffes in dem selben Temperaturintervall ermittelt. Die Grenzen wurden anhand der Ableitung der TG-Kurve (DTG-Kurve) bestimmt. Der gemessene Massenverlust zwischen 600 °C bis 750 °C ist auf das beim Zerfall von Calciumcarbonat entstehende Kohlenstoffdioxid zurückzuführen. Mithilfe von stöchiometrischen Überlegungen kann zum einen der Gehalt an Calciumcarbonat in der jeweiligen Probe berechnet und zum anderen der darin gebundene Gehalt an

Calciumhydroxid ermittelt werden. Die molaren Massen der Reaktionen sind in den Gleichungen 4.5 und 4.6 dargestellt.

$$CaCO_3 \quad \rightarrow \quad CaO \quad + CO_2 \tag{4.5}$$
100 g/mol   56 g/mol   44 g/mol

$$Ca(OH)_2 + CO_2 \quad + H_2O \quad \rightarrow \quad CaCO_3 \quad + 2\,H_2O \tag{4.6}$$
74 g/mol   44 g/mol   18 g/mol   100 g/mol   36 g/mol

Da in dem selben Temperaturbereich auch Bestandteile der verwendeten reinen Puzzolane zerfallen, insbesondere durch die Dehydroxylierung von Tonmineralen sowie enthaltenem Calciumcarbonat in den Ausgangsstoffen, muss der ermittelte Massenverlust zunächst um die Massenverluste der Ausgangsstoffe korrigiert werden. Im Anschluss kann der Gehalt an Calciumhydroxid, welcher in Calciumcarbonat gebunden ist, durch die Multiplikation des stufenweise bestimmten Massenverlustes zwischen 600 °C bis 750 °C mit dem gerundeten Faktor 1.68 (74/44) berechnet werden. Mithilfe der Information über den Wert der Probenmasse zum Prüfzeitpunkt t = x kann die Masse des Calciumhydroxids berechnet werden, welche in Calciumcarbonat gebunden ist. Der Konsum an Calciumhydroxid durch das jeweilige Puzzolan berechnet sich anschließend über das initial in der Mischung enthaltene Calciumhydroxid (37.77 g) abzüglich des zum Zeitpunkt t = x vorliegenden Gehaltes an Calciumhydroxid und dem im Calciumcarbonat gebundenen Anteil. Durch Division durch den initial vorliegenden Gehalt des Puzzolans von 12.59 g kann der Calciumhydroxidkonsum pro Gramm Puzzolan angegeben werden (vgl. Gleichung 4.7).

Konsum Ca$(OH)_2$[g/100g Puzzolan]

$$= \left(m_{Ca(OH)2} \, (t = 0) - m_{Ca(OH)2} \, (t = x) - m_{Ca(OH)2 \, in \, CaCO3} \, (t = x) \right) \cdot \frac{1}{12.59g} \cdot 100 \tag{4.7}$$

5 Untersuchungsergebnisse

5.1 Analyse der Ausgangsstoffe

Bevor die beiden Forschungsziele untersucht werden können, ist eine Analyse aller verwendeten Ausgangsstoffe notwendig. In der vorliegenden Arbeit wurden hierfür thermogravimetrische (TGA) und röntgendiffraktometrische Analysen (XRD) an den pulverförmigen Proben (RT, CTS, CTSI, CTSA, CT und CEM) durchgeführt. Dieses Kapitel zeigt und beschreibt die Ergebnisse dieser Untersuchungen.

5.1.1 TGA

Die thermogravimetrischen Analysen (TGA) der Ausgangsstoffe wurden jeweils dreimal mit dem gleichen Material durchgeführt. Wie in den Abbildungen 25 und 26 im Kapitel 3.4.1.2 gezeigt, weisen die drei aufeinanderfolgenden Messungen keine großen Streuungen auf. Die TGA-Ergebnisse in Form von der TG-Kurve sowie deren Ableitung (DTG-Kurve) sind jeweils als Mittelwerte in den nachfolgenden Abbildungen 43, 44 und 45 dargestellt. Die TG-Kurve wurde zudem normiert auf 100 M.-% bei 40 °C. Dieses Vorgehen entspricht der im Kapitel 3.4.1.3 erläuterten Normierung.

Das TGA-Ergebnis des verwendeten Zementes lässt drei Peaks erkennen. Der Peak bei gut 100 °C sowie der Ausschlag bei etwa 380 °C deuten auf bereits hydratisierte Teile des Zementes hin. Dabei lässt sich der Peak bei gut 100 °C nach den Tabellen 17 bis 19 chemisch gebundenem Wasser (CSH-Phasen) und der Peak bei etwa 380 °C dem Zerfall von Calciumhydroxid zuordnen. Der Massenverlust zwischen 600 °C und 700 °C kann carbonatisierten Bereichen im untersuchten Zement zugewiesen werden. Alle identifizierten Massenverluste der thermogravimetrischen Analyse des Zementes sind sehr gering, was auf eine hohe Qualität und eine ausreichende Reaktivität des Zementes hinweist (Ramachandran et al. 2002, S. 81).

© Springer Fachmedien Wiesbaden GmbH, ein Teil von Springer Nature 2020
K. Weise, *Über das Potenzial von calciniertem Ton in zementgebundenen Systemen*, Werkstoffe im Bauwesen | Construction and Building Materials,
https://doi.org/10.1007/978-3-658-28791-7_5

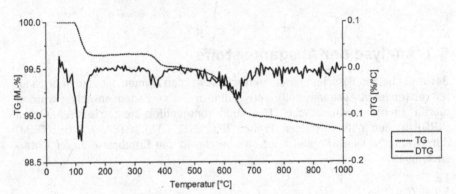

Abb. 43: TGA-Ergebnis Portlandzement CEM I 52.5N

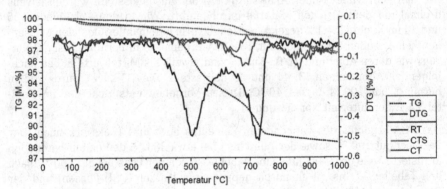

Abb. 44: TGA-Ergebnisse Rohton (RT), ungemahlener calcinierter Ton (CTS) und calcinierter Ton (CT)

Abbildung 44 zeigt die TGA-Ergebnisse des Rohtons (RT), des ungemahlenen
(CTS) und des gemahlenen calcinierten Tons (CT) im Vergleich. Der Rohton (RT)
zeigt deutliche Massenverluste zum einen im Bereich von etwa 120 °C und zum
anderen zwischen 350 °C und 800 °C. Nach den Tabellen 17 bis 19 lässt sich der
Peak bei etwa 120 °C dem Zwischenschichtwasser der Tonminerale zuordnen.
Der Massenverlust zwischen 350 °C und 800 °C kann auf die Dehydroxylierung
von verschiedenen Tonmineralen hinweisen. Die Messergebnisse zeigen zwei
deutlich ausgeprägte, sich überlagernde Peaks in diesem Temperaturintervall.
Für das Tonmineral Illit wird in einigen Untersuchungen eine etwas höhere Temperatur für die Dehydroxylierung genannt, verglichen mit Kaolinit (vgl. Tab. 17
bis Tab. 19). Folglich könnte der erste Peak mit der charakteristischen Temperatur bei etwa 500 °C vorwiegend Kaolinit und der zweite Peak bei gut 700 °C der
Dehydroxylierung von Illit bzw. weiteren Tonmineralen zugeordnet werden. In
den Untersuchungen von DANNER sind vergleichbare Ausprägungen der beiden

Peaks zu erkennen. Laut seiner Studie ist der erste Peak im Temperaturintervall von 400 °C bis 600 °C den beiden Tonmineralen Kaolinit und Illit zuzuordnen, wohingegen der zweite Peak seiner Ergebnisse bei etwa 800 °C aus dem Zerfall von Calciumcarbonat sowie smektitreichen Tonmineralen resultiert. (Danner 2013, S. 54-57) Da es sich bei dem untersuchten Rohton um ein Tongemisch mit mehreren verschiedenen Tonmineralen handelt, deren Dehydroxylierung in dem selben Temperaturbereich stattfindet, kann eine genauere Differenzierung mit dieser Analysemethode nicht stattfinden.

Deutlich zu erkennen ist jedoch, dass für den gemahlenen calcinierten Ton (CT) erst ab Temperaturen von über 600 °C Massenverluste zu verzeichnen sind. Dieses Ergebnis war zu erwarten, da das Zwischenschichtwasser der ursprünglich vorhandenen Tonminerale bereits bei der Calcinierung des Rohtons entwichen ist sowie die Dehydroxylierung der Mehrheit der Bestandteile des Rohtons bei diesem Prozess stattgefunden hat. Das TGA-Ergebnis des gemahlenen calcinierten Tons zeigt zwei Massenverluste. Der erste ist bei einer Temperatur von knapp 700 °C und der zweite bei etwa 850 °C zu verzeichnen. Aus Dokumentationen bezüglich Untersuchungen an dem gleichen Material von BEUNTNER ist abzuleiten, dass der Ton bei etwa 750 °C calciniert wurde (Beuntner 2017, S. 40). Der Massenverlust bei knapp 700 °C in den TGA-Ergebnissen kann folglich auf zwei Gründen basieren. Entweder wurden bei der industriellen Calcinierung nicht alle Tonminerale bis 750 °C vollständig dehydroxyliert, was beispielsweise aus einer zu kurzen Verweildauer im Ofen oder aus zu großen Partikeln resultieren kann, in deren Kern nur Temperaturen von unter 750 °C erreicht wurden.

Weiterhin denkbar wäre, dass der im TGA-Gerät gemessene Massenverlust bei knapp 700 °C durch Veränderungen der Zusammensetzung des calcinierten Tons nach der thermischen Aktivierung, beispielsweise bei der Lagerung, zustande kommt. Der erste Grund würde durch die Angaben der mineralogischen Zusammensetzung des calcinierten Tons in Tabelle 4 bestärkt werden. Danach weist der calcinierte Ton noch geringe Mengen der Tonminerale Illit (4 M.-%) und Glimmer (4 M.-%) auf, deren Temperaturen für die Dehydroxylierung in den beschriebenen Temperaturbereich fallen.

Abbildung 45 zeigt die Analyseergebnisse des ungemahlenen calcinierten Tons (CTS) sowie der äußeren Schicht (CTSA) und dem inneren Kern (CTSI). Sehr auffällig ist ein ausgeprägter Massenverlust der äußeren Schicht bei etwa 120 °C. Verglichen mit dem gesamten ungemahlenen calcinierten Ton zeigt die Probe mit dem inneren Kern einen geringeren Ausschlag in diesem Temperaturbereich. In Abbildung 44 ist ersichtlich, dass der ungemahlene calcinierte Ton im Vergleich zu dem gemahlenen calcinierten Ton in diesem Temperaturbereich einen größeren Massenverlust aufweist. Die Ergebnisse weisen folglich darauf hin, dass die Stichprobe der ungemahlenen calcinierten Tonstücke verglichen mit dem gemahlenen calcinierten Ton prozentual einen höheren Anteil der äußeren Schicht aufweist. Auf Grundlage dieser Annahme und bei der Betrachtung des Peaks bei knapp 700 °C, der bei dem ungemahlen calcinierten Ton deutlich kleiner ausfällt als bei dem gemahlenen calcinierten Ton (vgl. Abb. 44), kann abgeleitet werden, dass die äußere Schicht eine geringere Ausprägung in diesem Temperaturbereich aufweist. Da die Signale diesbezüglich in den Ergebnissen in Abbildung 45 sehr klein sind, ist es in dieser Darstellung nicht eindeutig zu erkennen. Mit der Annahme, dass der Peak bei knapp 700 °C der vollständigen Dehydroxylierung von Tonmineralen zuzuordnen ist, und dieser bei der äußeren Schicht kleiner als im Inneren ist, wird die obige Vermutung bestärkt, dass die Stücke bei der Calcinierung in verschiedenen Bereichen unterschiedlich stark erwärmt werden. In den äußeren Schichten wird die Calcinierungstemperatur von etwa 750 °C erreicht, sodass die Tonminerale bis zu dieser Temperatur fast vollständig dehydroxylieren. Im Inneren der Stücke herrschen bei der gewählten Verweildauer etwas geringere Temperaturen vor, sodass die Dehydroxylierung nicht vollständig stattfindet.

Aus dem deutlich stärkeren Peak bei 120 °C in der äußeren Schicht verglichen mit dem inneren Kern ist folglich eine Wasseraufnahme in das calcinierte Tonstück bei der Lagerung zu vermuten. Diese Thematik wird in Kapitel 6.1 im Zusammenhang mit weiteren Untersuchungsergebnissen ausführlich diskutiert.

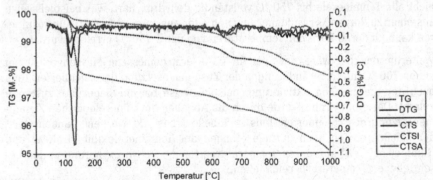

Abb. 45: TGA-Ergebnisse ungemahlener calcinierter Ton (CTS), innere Schicht von CTS (CTSI) und äußere Schicht von CTS (CTSA)

5.1.2 XRD

Die röntgendiffraktometrischen Untersuchungen der pulverförmigen Ausgangsstoffe wurden verwendet, um den röntgenamorphen Anteil der Proben zu bestimmen. Die ermittelten amorphen Anteile aller untersuchten Materialien sind Tabelle 20 zu entnehmen.

Tab. 20: Röntgenamorpher Anteil der untersuchten Ausgangsstoffe

Probe	Röntgenamorpher Anteil [M.-%]
RT	36.8
CTS	39.7
CTSI	44.4
CTSA	40.0
CT	47.1
CEM	19.4

Entgegen den Erwartungen besteht der Rohton (RT) nach den Ergebnissen der vorliegenden Arbeit bereits zu 36.8 M.-% aus amorphen Phasen. Durch den Calcinierungsprozess erhöht sich dieser Anteil auf 47.1 M.-% im calcinierten Ton (CT). Die für diese Arbeit vorliegende Stichprobe an ungemahlenem calcinierten Ton (CTS) weist demgegenüber lediglich einen amorphen Anteil von 39.7 M.-% auf. Diese Abweichung lässt sich dadurch begründen, dass es sich bei dem ungemahlenen calcinierten Ton (CTS) nur um eine kleine Stichprobe aus dem Produktionsprozess des calcinierten Tons (CT) handelt. Das Material aus dem Kern der ungemahlenen calcinierten Tonstücke (CTSI) besitzt laut den vorliegenden Untersuchungen einen um 4.4 M.-% höheren Anteil von 44.4 M.-% an amorphen Bestandteilen verglichen mit der äußeren Schicht (CTSA).

Diese Beobachtung würde der in Kapitel 5.1.1 vorgestellten Theorie widersprechen, dass der innere Kern der calcinierten Tonstücke aufgrund von thermischen Unterschieden im Material nicht ausreichend calciniert wurde. Auf diese Thematik wird in der Diskussion ausführlicher eingegangen (Kapitel 6.1).

Weiterhin wurden die röntgendiffraktometrischen Untersuchungen der Ausgangsstoffe qualitativ verwendet, um ausgewählte Sachverhalte an den Probekörpern gezielt zu erforschen. Die Ergebnisse der Analysen dienen vorrangig als Unterstützung für die Argumentationen im Diskussionsteil der vorliegenden Arbeit und sind infolgedessen dort jeweils an der entsprechenden Stelle zu finden (Kapitel 6).

5.2 Untersuchung der einzelnen Schichten des calcinierten Tons

Für das erste Forschungsziel wurden Untersuchungen der einzelnen Schichten des ungemahlenen calcinierten Tons (der äußeren Schicht und dem inneren Kern) mithilfe eines Rasterelektronenmikroskopes durchgeführt. Neben der optischen Beurteilung der Struktur der einzelnen Schichten wurden zudem EDX-Analysen in Form von punktuellen Untersuchungen, Line-Scans sowie Mappings von bestimmten Bereichen vorgenommen.

Bezüglich der Elementanalysen konnten keine eindeutigen Unterschiede zwischen den beiden Schichten festgestellt werden. In beiden Bereichen konnten qualitativ vorrangig die Elemente Silicium, Aluminium, Schwefel, Calcium, Eisen und Sauerstoff identifiziert werden. Quantitative Aussagen über die Elementverteilungen in den beiden Schichten konnten durch die vorliegenden Daten nicht getroffen werden. Auch ein durchgeführtes Mapping zeigt keine Auffälligkeiten bezüglich elementaren Unterschieden in verschiedenen Bereichen der Randzone (Abb. 47).

Demgegenüber zeigt Abbildung 46 eindeutig strukturelle Unterschiede am Probenrand verglichen mit weiter innen liegenden Bereichen. Die äußere Schicht der ungemahlenen calcinierten Tonstücke weist eine porösere Struktur auf als der innere Teil. Jedoch scheint es sich bei dem porösen Rand der Proben, welcher in Abbildung 46 etwa 200 µm breit ist, nur um einen kleinen Teil des als CTSA bezeichneten Bereichs zu handeln. Von dem Rand ausgehend weist der weiter innen liegende Teil von CTSA eine sehr dichte Struktur auf, was auf calcinierte Bereiche in der Probe hinweist. Der Teil der Probe, welcher in Abbildung 46 den innersten Bereich darstellt (CTSI), ist in seiner Struktur weniger dicht. Diese Beobachtung könnte dadurch erklärt werden, dass der äußere Bereich der Probe einen höheren Calcinierungsgrad aufweist und die Struktur folglich etwas dichter ist als der Kern der calcinierten Tonstücke. Diese Thematik wird in dem Diskussionsteil der vorliegenden Arbeit erneut aufgegriffen (Kapitel 6.1).

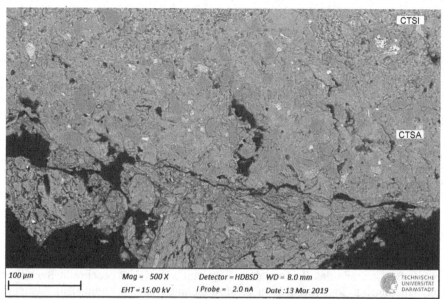

Abb. 46: BSE-Aufnahme der äußeren Schicht und weiter innen liegenden Bereichen

Abb. 47: Elementanalyse Mapping

Die Abbildungen 48, 49 und 50 zeigen Aufnahmen der unpolierten Proben (CTS), welche mittels Rückstreuelektronen im Rasterelektronenmikroskop erzeugt wurden (BSE-Aufnahmen). Abbildung 48 ist eine Aufnahme aus dem inneren Bereich des ungemahlenen calcinierten Tons und zeigt eisenhaltige Phasen. Es sind verschiedene kristallartige Strukturen zu erkennen, welche sich in ihren Anteilen an Eisen, Calcium und Schwefel unterscheiden. Die Aufnahmen in den Abbildungen 49 und 50 stammen von der äußeren Schicht der untersuchten Proben. Deutlich zu erkennen sind kristallförmige, etwa 10 µm große Strukturen aus den Elementen Calcium und Schwefel, welche Gipskristalle   darstellen könnten (Punkt 2 in Abb. 49 und Punkt 1 in Abb. 50). Weiterhin sind plattenförmige Kristallstrukturen enthalten, welche insbesondere aus Silicium, Aluminium und Eisen bestehen (Punkt 1 in Abb. 49 und Punkt 2 in Abb. 50). Diese Strukturen könnten auf uncalcinierte Tonminerale hinweisen. Beide Abbildungen zeigen zusätzlich „schwammartige" Bereiche, welche ebenfalls aus Silicium, Aluminium und Eisen bestehen (Punkt 3 in Abb. 49 und Punkt 3 in Abb. 50). Da diese Strukturen keine kristallartigen Formen aufweisen, jedoch von der chemischen Zusammensetzung auf Tonminerale schließen lassen, könnten diese Bereiche calcinierte Bestandteile des Rohtons darstellen. Auch DANNER beschreibt Bereiche mit calcinierten Tonmineralen in SEM-Aufnahmen als schwammartig (Danner 2013, S. 100).

Die Größenordnungen der Anteile an identifizierten Elementen aus den Abbildungen 48, 49 und 50 sind in der Tabelle 21 zusammengefasst. Dabei wurden alle Elemente dokumentiert, deren Massenanteil über fünf Prozent beträgt, mit der Ausnahme von Kohlenstoff und Sauerstoff. Kohlenstoff wurde insbesondere an den nicht relevanten Stellen festgestellt, welche das zur Probenvorbereitung verwendete Epoxidharz zeigen. Sauerstoff liegt in allen Bereichen der Probekörper vor und seine ermittelten Massenanteile sind aufgrund der geringen Ordnungszahl nicht aussagekräftig. In der Tabelle werden Massenanteile zwischen 5 M.-% und 12.5 M.-% als + dargestellt, Anteile von 12.5 M.-% bis 20 M.-% als ++ und Gehalte über 20 M.-% mit +++. Auf eine exakte Angabe der Werte wird an dieser Stelle verzichtet, da diese nicht eindeutig bestimmbar sind und folglich nur als grobe Orientierungen dienen.

Abb. 48:   BSE-Aufnahme eisenhaltiger Bereich (CTSI)

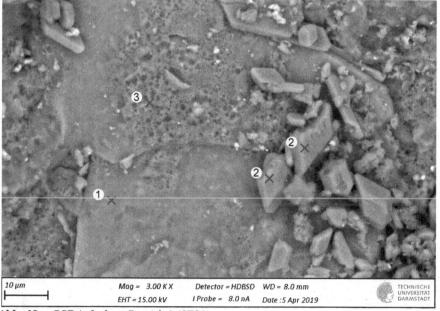

Abb. 49:   BSE-Aufnahme Bereich 1 (CTSA)

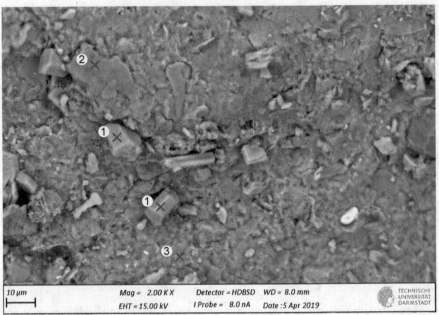

Abb. 50: BSE-Aufnahme Bereich 2 (CTSA)

Tab. 21: Übersicht über die mittels EDX-Punktanalyse ermittelten Elemente (Schichten)

Element	Abb. 48		Abb. 49			Abb. 50		
	1	2	1	2	3	1	2	3
Silicium			++		++		+++	+++
Aluminium			+		+		+++	++
Eisen	+	+++	++		+			+
Calcium	+++	+		+++		+++		
Schwefel	+++	+++		+++		++		

+: 5 M.-% – 12.5 M.-%; ++: 12.5 M.-% – 20 M.-%; +++: > 20 M.-%

5.3 Untersuchung des Reaktionsverhaltens im klinkerfreien System

Das zweite Forschungsziel der vorliegenden Arbeit bezieht sich auf die Untersuchung des Reaktionsverhaltens der Materialien. Das Reaktionsverhalten wird zum einen im klinkerfreien (alkalischen) und zum anderen im zementgebundenen System analysiert. Die nachfolgenden Unterkapitel behandeln zunächst die Ergebnisse der Untersuchungsmethoden im klinkerfreien und anschließend im zementgebundenen System (Kapitel 5.4). Am klinkerfreien System wurde zunächst die Ionenlöslichkeit aller untersuchten Materialien bestimmt. Der R^3-Test wurde auf den Rohton, den ungemahlenen und den gemahlenen calcinierten Ton angewendet und im Anschluss mit ergänzenden TGA-Untersuchungen evaluiert. Die Ergebnisse der gesamten Untersuchungen, welche sich auf das zweite Forschungsziel der vorliegenden Arbeit im klinkerfreien System beziehen, sind den nachfolgenden Unterkapiteln zu entnehmen.

5.3.1 Ionenlöslichkeit

Die Ionenlöslichkeit der Aluminium-, Silicium- und Calciumionen sind in den Abbildungen 51 bis 55 für jedes untersuchte Material einzeln im Zeitverlauf dargestellt. Zusätzlich zeigen die Abbildungen 56 bis 58 die Ionenlöslichkeiten der Proben separiert nach den drei betrachteten Elementen. Alle Werte sind zusätzlich in der Tabelle 28 im Anhang zu finden.

Ergänzend dazu zeigt Tabelle 27 im Anhang, dass der pH-Wert aller Proben zwischen 12.1 und 12.3 liegt. Er ändert sich folglich weder im Zeitverlauf noch durch die Löslichkeit der verschiedenen Materialien. Die Messung des pH-Wertes erfolgte vorwiegend zu Kontrollzwecken. Die Differenz dieser Werte zu dem initial in der Calciumhydroxidlösung gemessenen pH-Wert von 12.6 resultiert vermutlich aus Messungenauigkeiten durch das verwendete Gerät.

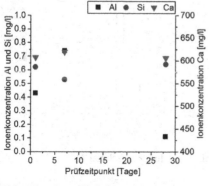

Abb. 51:   Ionenlöslichkeit RT

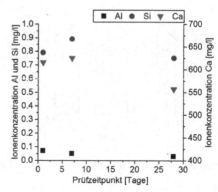

Abb. 52:   Ionenlöslichkeit CTS

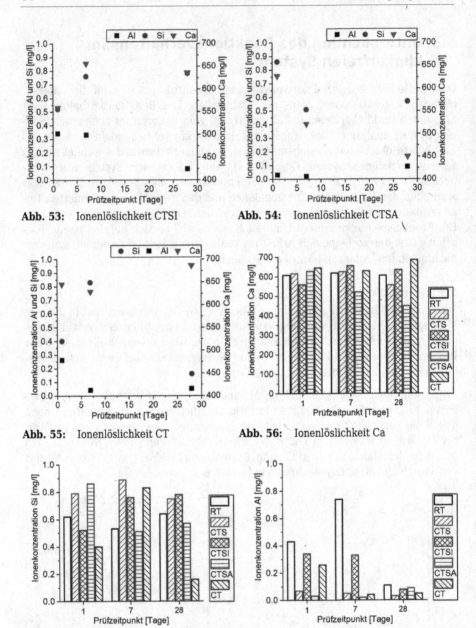

Abb. 53: Ionenlöslichkeit CTSI

Abb. 54: Ionenlöslichkeit CTSA

Abb. 55: Ionenlöslichkeit CT

Abb. 56: Ionenlöslichkeit Ca

Abb. 57: Ionenlöslichkeit Si

Abb. 58: Ionenlöslichkeit Al

Im Allgemeinen, mit der Ausnahme des Rohtons nach sieben Tagen, ist eine höhere Löslichkeit an Siliciumionen in der Einheit mg/l, verglichen mit Aluminiumionen, zu beobachten. Weiterhin sind jedoch keine eindeutigen Trends der verschiedenen Materialien bezüglich der drei untersuchten Elemente zu erkennen. Erwartet wurden für die Konzentrationen an Silicium- und Aluminiumionen entweder steigende Werte im Zeitverlauf oder ein zunächst steigender und dann fallender Verlauf begründet durch Reaktionen der gelösten Ionen mit weiteren Bestandteilen, wie beispielsweise Calciumionen.

Die Konzentrationen an Siliciumionen steigen bei dem ungemahlenen und dem gemahlenen calcinierten Ton (CTS und CT) beispielsweise bis zum siebten Tag an und fallen anschließend bis zum 28 Tag. Folglich lösen sich die Siliciumionen bis zum siebten Tag und beginnen anschließend zum Beispiel mit Calciumionen zu reagieren. Für den ungemahlenen calcinierten Ton (CTS) wird diese Theorie durch eine Abnahme des Gehaltes an Calciumionen vom siebten auf den 28 Tag bestärkt. Die Calciumionen des calcinierten Tons (CT) steigen jedoch in diesem Zeitraum.

Ein stetig steigender Gehalt an Silicium- oder Aluminiumionen im Zeitverlauf ist für keine der untersuchten Proben zu erkennen. Die Gehalte an Aluminium- und Siliciumionen sind mit Werten zwischen 0.02 mg/l (CTSA, 7 Tage) und 0.74 mg/l (RT, 7 Tage) für Aluminium und zwischen 0.16 mg/l (CT, 28 Tage) und 0.89 mg/l (CTS, 7 Tage) für Silicium im Allgemeinen sehr gering. Diese Erkenntnis deckt sich mit den Ergebnissen von BEUNTNER (Beuntner 2017, S. 56). Erhoffte Unterschiede bezüglich der Löslichkeit von Silicium- und Aluminiumionen für die verschiedenen Schichten des calcinierten Tons konnten mit den vorliegenden Messergebnissen nicht gezeigt werden. Der Mangel an eindeutigen Trends in den Messdaten kann aus Streuungen der sehr niedrigen Gehalte resultieren.

Bezüglich der gelösten Calciumionen wurde bei puzzolanischer Aktivität der untersuchten Materialien analog zum SL-Test von DONATELLO et al. (Donatello et al. 2010) bzw. dem LC-Test von TIRONI et al. (Tironi et al. 2013) erwartet, dass der Gehalt an Calciumionen im Zeitverlauf abnimmt (vgl. Kapitel 2.3.3.1). In den Messungen dieser Arbeit ist eine sinkende Konzentration an Calciumionen lediglich für die äußere Schicht der ungemahlenen calcinierten Tonstücke (CTSA) zu erkennen. Die vorliegenden Messdaten widersprechen den Ergebnissen von BEUNTNER, welche einen Verbrauch an Calciumionen durch den calcinierten Ton im Zeitverlauf von sechs Stunden, zwei, sieben und 28 Tagen zeigen (Beuntner 2017, S. 56). Eine Zunahme der Konzentration von Calciumionen im Zeitverlauf, die beispielsweise deutlich bei der inneren Schicht vom ersten auf den siebten Tag zu erkennen ist, kann aus sich lösenden Bestandteilen des untersuchten Materials resultieren.

Basierend auf der Annahme, dass die gesättigte Calciumhydroxidlösung 1.7 g Calciumhydroxid pro Liter enthält, kann die theoretische Calciumionenkonzentration der Lösung über die molaren Massen der Elemente zurückgerechnet werden. Calciumhydroxid besteht zu 54.05 M.-% aus Calcium (40/74). Folglich beträgt die Calciumionenkonzentration in einer gesättigten Calciumhydroxidlösung 919 mg pro Liter. Für die Proben der vorliegenden Arbeit wurden diesbezüglich nach dem ersten Tag Konzentrationen von etwa 600 mg pro Liter gemessen. Die starke Abweichung von dem theoretischen Wert ist durch die Zugabe der untersuchten pulverförmigen Feststoffe nicht zu erklären. Sie kann entweder aus Messungenauigkeiten bei der externen Messung resultieren oder darin begründet sein, dass die hergestellte Calciumhydroxidlösung keine vollständige Sättigung aufwies.

5.3.2 R³-Test

Der R³-Test als vereinfachtes Verfahren zur Beurteilung der Reaktivität von Zusatzstoffen wurde mit dem Rohton (RT), dem ungemahlenen calcinierten Ton (CTS) und dem gemahlenen calcinierten Ton (CT) durchgeführt. Der gravimetrisch bestimmte Massenverlust der Proben zwischen 105 °C und 350 °C wird dabei dem chemisch gebundenen Wasser (CGW-R³) zugeordnet. Um das über diesen Test ermittelte chemisch gebundene Wasser von der in der vorliegenden Arbeit zugrunde gelegten Definition des chemisch gebundenen Wassers aus thermogravimetrischen Messungen (vgl. Kapitel 3.4.1.3) abzugrenzen, wird es nachfolgend als CGW-R³ abgekürzt. Der R³-Test wurde zusätzlich zu dem von LI et al. vorgeschlagenen Zeitpunkt von sieben Tagen nach dem ersten und dem 28. Tag vorgenommen (Li et al. 2018). Die Ergebnisse des CGW-R³, bezogen auf die Masse der bei 105 °C getrockneten Probe, sind für die drei untersuchten Materialien der Abbildung 59 zu entnehmen. Die Werte sind zudem tabellarisch im Anhang aufgeführt (Tab. 29). Für jedes Material wurde der Test drei Mal durchgeführt. Die nachfolgenden Abbildungen zeigen jeweils die Mittelwerte der drei Messungen sowie die positive und negative Standardabweichung.

Für den ungemahlenen und gemahlenen calcinierten Ton (CTS und CT) ist eine Steigung des chemisch gebundenen Wassers im Zeitverlauf zu verzeichnen. Im Vergleich der beiden Materialien ist zu erkennen, dass der industriell gemahlene Ton (CT) für alle Zeitpunkte einen etwas höheren Gehalt an chemisch gebundenem Wasser aufweist. Dies könnte dadurch erklärt werden, dass der ungemahlene calcinierte Ton (CTS) lediglich eine sehr kleine Stichprobe der Herstellung des gemahlenen calcinierten Tons (CT) verkörpert.

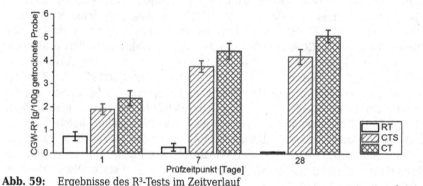

Abb. 59: Ergebnisse des R³-Tests im Zeitverlauf

Das chemisch gebundene Wasser im Rohton (RT) ist zum einen wesentlich geringer als bei den beiden calcinierten Tonen und zum anderen sinkt der Gehalt im Zeitverlauf. Erstgenanntes kann auf die Aktivierung von puzzolanischen Eigenschaften durch den Calcinierungsprozess zurückgeführt werden. Puzzolane sind in der Lage bei Kontakt mit Wasser und Calciumhydroxid Wasser chemisch zu binden. Eine Begründung für die zweitgenannte Beobachtung liegt nicht vor. An dieser Stelle sei jedoch zu erwähnen, dass der bestimmte Massenverlust von 105 °C bis 350 °C zusätzlich Bestandteile des Rohtons mit einschließt, welche in diesem Temperaturbereich dehydratisieren. Durch diesen Umstand wird der Einfluss der vereinfachten Annahme des R³-Tests deutlich, der den Massenverlust in diesem Temperaturbereich alleinig chemisch gebundenem Wasser zuordnet und Massenänderungen, welche aus dem untersuchten Zusatzstoff resultieren, vernachlässigt. Diese Thematik wird an späterer Stelle erneut aufgegriffen.

5.3.3 TGA der Proben des R³-Tests

Da es sich bei dem R³-Test beabsichtigt um ein sehr einfach durchzuführendes Testverfahren handelt, wurde in der vorliegenden Arbeit zusätzlich ein Vergleich der Messergebnisse mit thermogravimetrischen Analysen nach dem siebten Tag vorgenommen. Hierfür wurden bei der Durchführung des R³-Tests nach Kapitel 3.4.5.2 Proben für TGA-Messungen entnommen (vgl. Abb. 38). Die thermogravimetrischen Analysen der R³-Proben ermöglichen es, direkte Messergebnisse über die puzzolanische Aktivität, bestimmt über den Calciumhydroxidkonsum, zu erlangen und stellen damit einen direkten Bezug zu der in Kapitel 2.3.1 gegebenen Definition her. Ziel der thermogravimetrischen Analysen dieser Studie ist zudem, Unterschiede in den Messergebnissen bezüglich der Nachbehandlung mit Aceton und der Ofentrocknung bei 105 °C aufzudecken. Die Ergebnisse sind tabellarisch dem Anhang zu entnehmen (Tab. 30) und werden in den nachfolgenden Abschnitten grafisch vorgestellt und näher erläutert.

Um die Ergebnisse des R^3-Tests mit denen der thermogravimetrischen Analysen vergleichen zu können, wurde aus den TGA-Ergebnissen zunächst jeweils der Massenverlust von 105 °C bis 350 °C analog zum Temperaturbereich des R^3-Tests ausgewertet (CGW-R^3). Der durch dieses Verfahren ermittelte Massenverlust wurde, wie der Massenverlust im R^3-Test, aus Gründen der Vergleichbarkeit bezogen auf die Masse bei 105 °C angegeben. Eine Korrektur der TGA-Ergebnisse anhand der Anteile der Ausgangsstoffe, wie unter Kapitel 3.4.1.3 erläutert, wurde an dieser Stelle nicht durchgeführt. Der Grund hierfür liegt darin, dass die Werte mit dem R^3-Test verglichen werden sollen, welcher die angesprochene Problematik nicht berücksichtigt. Nach den Ausführungen in Kapitel 3.4.1.3 findet die Normierung der TGAErgebnisse für die Darstellung in Abbildung 60 auf die angepasste Masse bei 105 °C ($m^*_{105\,°C}$) statt. Die Werte sind zusätzlich in Tabelle 30 im Anhang zu finden.

Der Rohton verliert als Ausgangsstoff bei thermogravimetrischen Messungen im Temperaturintervall von 105 °C bis 350 °C etwa 0.75 Prozent der bei 105 °C getrockneten Masse. Ein Teil des CGW-R^3 der Proben, welche den Rohton enthalten, ist auf diesen Massenverlust zurückzuführen.

Abbildung 60 zeigt den Vergleich der im R^3-Test und durch thermogravimetrische Analysen ermittelten Gehalte an chemisch gebundenem Wasser als Massenverlust zwischen 105 °C und 350 °C bezogen auf die bei 105 °C getrocknete Probe (CGW-R^3). Für jedes untersuchte Material ist der im TGA-Gerät ermittelte Gehalt an chemisch gebundenem Wasser größer als derjenige, der im R^3-Test bestimmt wurde. Dieses Ergebnis kann zum einen durch eine wesentlich größere Mahlfeinheit der TGA-Proben, verglichen mit den beim R^3-Test verwendeten Stücke, erklärt werden. Zum anderen sind die Mengen der TGA-Proben wesentlich geringer, was eine gleichmäßigere Erwärmung ermöglicht. Ein weiterer Grund für die höheren Gehalte des chemisch gebundenen Wassers in den TGA-Messungen kann die kontinuierliche Erwärmung der Probe bei einer konstanten Heizrate von 10 °C pro Minute, verglichen mit der direkten Konfrontation der Probe bei 350 °C im R^3-Test, sein. Zudem ist auffällig, dass die drei gemessenen Proben im R^3-Test größeren Abweichungen unterliegen, verglichen mit den TGA-Messungen.

Der Vergleich der Nachbehandlungsmethoden, zum einen mittels Aceton und zum anderen durch die Ofentrocknung bei 105 °C, zeigt bezüglich des analog zum R^3-Test ermittelten chemisch gebundenen Wassers zwischen 105 °C und 350 °C (CGW-R^3) einen geringfügig höheren Gehalt der bei 105 °C getrockneten Proben. Auf die Thematik der beiden verschiedenen Nachbehandlungsmethoden wird in den folgenden Abschnitten ausführlicher eingegangen.

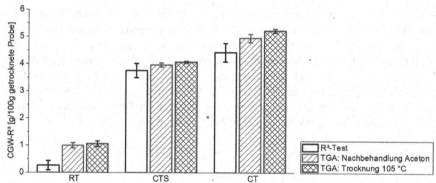

Abb. 60: Vergleich des CGW-R^3 nach sieben Tagen (R^3-Test und TGA)

Bei der näheren Betrachtung der DTG-Kurven der Proben des R^3-Tests fallen erhebliche Unterschiede zwischen den beiden Nachbehandlungsmethoden auf. Die Abbildungen 61 bis 63 zeigen die thermogravimetrisch ermittelten Ergebnisse für die drei untersuchten Materialien. Die TG-Kurve wurde jeweils angepasst auf 100 M.-% bei 40 °C, um Verzerrungen der Ergebnisse aus dem Einfluss der Nachbehandlung mit Aceton bis 40 °C zu vermeiden (vgl. Ausführungen zur Normierung in Kapitel 3.4.1.3).

Insbesondere bei den Proben, welche calcinierten Ton enthalten (CTS und CT), ist im Bereich von 40 °C und 105 °C ein erheblicher Unterschied der beiden Nachbehandlungsmethoden zu erkennen. In diesem Temperaturbereich wird zum einen freies und zum anderen in Hydratphasen gebundenes Wasser mittels Thermogravimetrie bestimmt. Die mit Aceton nachbehandelten Proben zeigen einen wesentlich größeren Massenverlust bis 105 °C verglichen mit den bei 105 °C im Ofen getrockneten Proben (vgl. Abb. 62 und 63). Für diese Erkenntnis kommen zwei Gründe in Frage. Zum einen könnte die zur Nachbehandlung verwendete Menge an Aceton zur Entfernung des in der Probe enthaltenen freien Wassers nicht ausgereicht haben und zum anderen könnten die Ergebnisse ein Indiz dafür sein, dass durch die Ofentrocknung bei 105 °C nicht nur freies Wasser entfernt, sondern auch Hydratphasen zerstört werden. Der erste Grund wird durch die Ergebnisse am Rohton (vgl. Abb. 61) nicht bestärkt. Würde das Aceton zur Entfernung des Wassers nicht ausgereicht haben, müsste ein Massenverlust bis 105 °C auch in den Proben, welche Rohton enthalten, erkennbar sein. Dies ist nicht der Fall. Folglich scheint der zweite oben genannte Grund die Unterschiede der Messergebnisse der beiden Nachbehandlungsmethoden zu erklären.

LOTHENBACH et al. beschreiben in ihrer Veröffentlichung, dass einige Hydratphasen aus der Reaktion von Zement mit Wasser, insbesondere CSH-Phasen, Ettringit und AFm-Phasen, in thermogravimetrischen Analysen für Massenverluste unter 105 °C verantwortlich sind (K. Scrivener et al. 2015). Durch die Ofentrocknung bei 105 °C bis zur Massenkonstanz im R³-Test werden solche Hydratphasen zerstört und sind folglich durch thermogravimetrische Analysen nicht mehr zu identifizieren. Die Ergebnisse der vorliegenden Arbeit bestätigen, dass die Nachbehandlung von Proben durch die Trocknung bei 105 °C ungeeignet ist, um die Hydratphasenentwicklung zu analysieren und zeigen einen Schwachpunkt des einfachen Verfahrens im R³-Test auf. Die Erkenntnis, dass die Trocknung bei 105 °C Teile des chemisch gebundenen Wassers aus der Probe herauslöst, wurde in dem entwickelten Reaktionsmodell berücksichtigt (vgl. Kapitel 4).

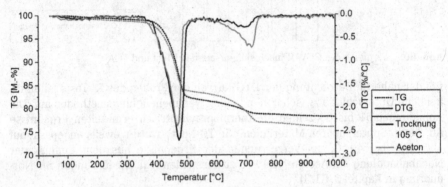

Abb. 61: TGA-Ergebnis R³-Probe mit RT nach sieben Tagen

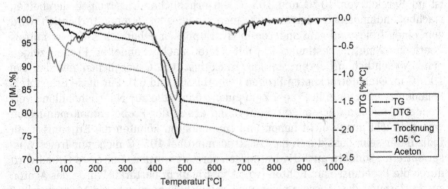

Abb. 62: TGA-Ergebnis R³-Probe mit CTS nach sieben Tagen

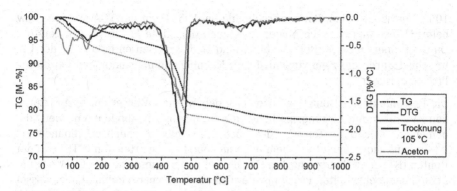

Abb. 63:   TGA-Ergebnis R³-Probe mit CT nach sieben Tagen

Um die Aussagekraft des R³-Tests weiter zu überprüfen, wurde der Gehalt an chemisch gebundenem Wasser der thermogravimetrisch gemessenen Proben aus dem R³-Test nach sieben Tagen zusätzlich mithilfe des selben Verfahrens ermittelt wie für die Zementleimproben (vgl. Kapitel 3.4.1.3). Hierfür wurde der Massenverlust im Temperaturbereich von 40 °C bis 600 °C abzüglich des Massenverlustes, welcher dem Zerfall von Calciumhydroxid zuzuordnen ist, und korrigiert um den Einfluss der Ausgangsstoffe bestimmt. Die Berechnung und Normierung des chemisch gebundenen Wassers in den Proben des R³-Tests wird in Kapitel 4 ausführlich anhand des für diese Arbeit entwickelten Reaktionsmodells erläutert. Die Ergebnisse werden in Gramm pro 100 g Zusatzstoff angegeben. Hierfür wurde auch für die Proben des R³-Tests der Gehalt an chemisch gebundenem Wasser (CGW-R³) in Gramm, wie in Kapitel 4 beschrieben, mithilfe der Information über den prozentualen Anteil des chemisch gebundenen Wassers aus dem R³-Test berechnet. Im Anschluss wurde der Gehalt an CGW-R³ auf die initial vorhandene Masse des Zusatzstoffes von 12.59 g bezogen. Die Ergebnisse sind als Mittelwert über drei Messungen in Abbildung 64 mit der jeweiligen positiven und negativen Standardabweichung dargestellt.

Bei allen Proben ist zu erkennen, dass die Bestimmung des chemisch gebundenen Wassers (CGW) in den thermogravimetrischen Messungen höhere Gehalte ergibt, verglichen mit der Bestimmung des CGW-R³. Dies hat zum einen den verfahrenstechnischen Grund, dass höhere Massenverluste im TGA-Gerät als im im Ofen (R³-Test) gemessen werden (vgl. Abb. 60). Zum anderen wird bei der Berechnung des chemisch gebundenen Wassers aus den TGA-Ergebnissen ein größerer Temperaturbereich erfasst (40 °C bis 600 °C verglichen mit 105 °C bis 350 °C). Dieser Unterschied ist besonders deutlich bei den beiden Proben mit dem calcinierten Ton und der Nachbehandlung mit Aceton. Dies lässt sich darauf zurückführen, dass der calcinierte Ton Hydratphasen bildet, welche von der thermogravimetrischen Analyse im Temperaturbereich zwischen 40 °C und

105 °C erfasst werden. Bei der Trocknung bei 105 °C vor der TGA-Messung bzw. beim R³-Test werden nach obiger Argumentation diese Hydratphasen zerstört. Da die Proben mit dem Rohton sehr wenig Hydratphasen enthalten, ist der Unterschied durch die zwei verschiedenen Nachbehandlungsmethoden bei diesen Proben geringer.

Die Reihenfolge der Gehalte an chemisch gebundenem Wasser der drei Materialien ist in allen Auswertungsmethoden gleich. Analog zur Abbildung 60 weist der gemahlene calcinierte Ton (CT) den höchsten Gehalt an chemisch gebundenem Wasser auf, dicht gefolgt von dem ungemahlenen calcinierten Ton (CTS) und der Rohton (RT) zeigt den geringsten Gehalt. Bei der Bestimmung des CGW der mit Aceton nachbehandelten Proben ist der Gehalt an chemisch gebundenem Wasser für beide calcinierte Tone (CTS und CT) annähernd gleich. Diese Nachbehandlungsmethode wird aus den Ergebnissen der vorliegenden Arbeit verglichen mit der Trocknung bei 105 °C aus den obig genannten Gründen als genaust der verwendeten Methoden angesehen. Der vereinfachte R³-Test scheint in diesem Fall den Gehalt an chemisch gebundenem Wasser des ungemahlenen calcinierten Ton (CTS), verglichen mit dem gemahlenen calcinierten Tons (CT), als zu gering einzuschätzen. An dieser Stelle soll zudem darauf hingewiesen werden, dass der Gehalt an chemisch gebundenem Wasser nicht zwangsläufig auf die Reaktivität des untersuchten Materials schließen lässt, da er zusätzlich von weiteren Faktoren, wie beispielsweise der Mahlfeinheit der Stoffe, abhängt.

Die Ergebnisse zeigen, dass sich die Messdaten von verschiedenen Auswertungsverfahren bezüglich des chemisch gebundenen Wassers, zumindest für die in dieser Arbeit untersuchten Materialien, erheblich auf die absolute Größe der Messwerte auswirken. Ein Vergleich von verschiedenen Materialien mit dem selben Auswertungsverfahren kann jedoch eine relative Einschätzung ermöglichen.

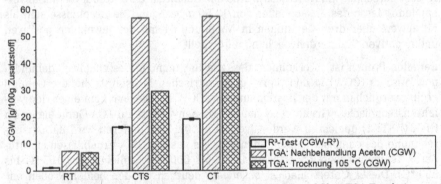

Abb. 64: Vergleich des CGW ermittelt mit R³-Test (CGW-R³) und über TGA-Ergebnisse (CGW) normiert auf 100 g Zusatzstoff

Da die Bestimmung des chemisch gebundenen Wassers durch den R^3-Test nicht zwangsläufig alleinig zur Beurteilung der Puzzolanität von Zusatzstoffen verwendet werden kann, wurde in der vorliegenden Arbeit zusätzlich der Gehalt an Calciumhydroxid in den Proben mittels thermogravimetrischen Analysen bestimmt (vgl. Definition auf S. 11, Unterpunkte a) und b)). Hintergrund hiervon ist, dass das im R^3-Test ermittelte chemisch gebundene Wasser nicht direkt auf eine puzzolanische Aktivität des untersuchten Materials hinweisen muss. Vielmehr könnte chemisch gebundenes Wasser beispielsweise auch durch die Reaktion von hydraulisch reagierenden Bestandteilen entstehen. Die Untersuchungen der vorliegenden Arbeit sollen zeigen, ob die Ergebnisse des R^3-Tests mit dem im TGA-Gerät bestimmten Konsum an Calciumhydroxid korrelieren.

Der Konsum an Calciumhydroxid wurde als Differenz des ursprünglich in der Mischung vorhandenen Gehaltes an Calciumhydroxid und dem zum Untersuchungszeitpunkt vorliegenden Gehalt sowie dem Calciumhydroxid, welches in Calciumcarbonat gebunden ist, berechnet und normiert (vgl. Kapitel 4). Der Calciumhydroxidkonsum der Proben des R^3-Tests nach sieben Tagen ist für die drei untersuchten Materialien und die beiden Nachbehandlungsmethoden in Abbildung 65 dargestellt.

Die Ergebnisse zeigen deutlich, dass der untersuchte Rohton (RT) wesentlich weniger Calciumhydroxid konsumiert, verglichen mit den calcinierten Tonen. Der Konsum von Calciumhydroxid durch einen Zusatzstoff gibt Hinweise auf die puzzolanische Aktivität des Materials (vgl. Definition auf S. 11, Unterpunkte a) und b)). Der Gehalt an Calciumhydroxid der Proben, welche den Rohton enthalten, könnte nach der, in dieser Arbeit verwendeten, Auswertungsmethodik geringfügig überschätzt bzw. folglich der Konsum von Calciumhydroxid unterschätzt werden, da Tonminerale in dem selben Temperaturbereich wie Calciumhydroxid dehydroxylieren und die beiden Prozesse mittels der verwendeten thermogravimetrischen Analysen nicht exakt separiert werden können. Beim Vergleich der beiden Nachbehandlungsmethoden fällt auf, dass in den Ergebnissen kaum Unterschiede im Konsum von Calciumhydroxid zu erkennen sind. Dieser Umstand ist realistisch, da es keine Begründung gibt, weshalb sich die Ergebnisse in diesem Fall unterscheiden sollten. Die vorliegenden Ergebnisse bestärken das in Kapitel 4 vorgestellte Normierungsverfahren.

Der Calciumhydroxidkonsum beider calcinierter Tone (CTS und CT) ist annähernd gleich groß. Diese Erkenntnis bestärkt die obig getroffene Aussage, dass die Nachbehandlung mit Aceton bezüglich des chemisch gebundenen Wassers die verlässlichsten Ergebnisse liefert. In Abbildung 64 ist für diese Methode ein gleich hoher Gehalt an CGW beider calcinierter Tone zu erkennen, wohingegen die Proben, welche bei 105 °C getrocknet wurden, unterschiedliche Werte für die beiden Materialien aufweisen. Die Ergebnisse zeigen zudem auch, dass sich die Beurteilung des Reaktionsverhaltens über das Calciumhydroxid in den Proben, verglichen mit dem chemisch gebundenen Wasser, robuster im Bezug auf Unterschiede in der Nachbehandlung verhält.

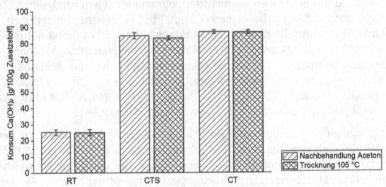

Abb. 65: Konsum Calciumhydroxid nach 7 Tagen (TGA)

Zur Kontrolle des Vorgehens bei der Bestimmung des Calciumhydroxidkonsums wurde eine Probe bestehend aus der „R³-Emulsion" thermogravimetrisch untersucht, welche keinen Zusatzstoff enthält. Das Ergebnis ist Abbildung 66 zu entnehmen und zeigt einen erheblichen Massenverlust zwischen 400 °C und 500 °C durch den Zerfall von Calciumhydroxid sowie eine kleine Massenänderung bei etwa 650 °C resultierend aus dem vorhandenen Gehalt an Calciumcarbonat. Die Bestimmung des Konsums an Calciumhydroxid in dieser Probe, analog zu dem für die oben beschriebenen Ergebnisse verwendeten Verfahren, ergibt einen Wert von 0.68 g. Dieser bestimmt sich über den initial vorhandenen Gehalt von 37.77 g abzüglich dem in der Probe zum Prüfzeitpunkt vorliegenden Gehalt von 35.89 g und dem im Calciumcarbonat gebundenen Gehalt von 1.20 g. Die Bestimmung des chemisch gebundenen Wassers in der Probe ergibt einen Wert von 1.52 M.-%. Die Werte unterstützen die Glaubwürdigkeit des entwickelten Modells zur Auswertung der thermogravimetrischen Ergebnisse. Der geringe Konsum von Calciumhydroxid in der Probe, welche keinen Zusatzstoff enthält, sowie das darin enthaltene chemisch gebundene Wasser könnten aus Reaktionen des Kaliumhydroxids und des Kaliumsulfats resultieren, welche für die Auswertung in der vorliegenden Arbeit vernachlässigt wurden. Die Messung der Referenzprobe zeigt auch, dass die ermittelten Gehalte des Calciumhydroxidkonsums sowie des CGW geringfügig überschätzt sein können. Wenn der in der Referenzprobe ermittelte Konsum von Calciumhydroxid jedoch auf die 12.59 g analog zu den Proben mit Zusatzstoff bezogen werden, ergibt sich ein Konsum von 0.05 g pro Gramm Zusatzstoff. Dieser Wert zeigt, dass die Überschätzung der ermittelten Werte nur sehr gering bzw. vernachlässigbar ist.

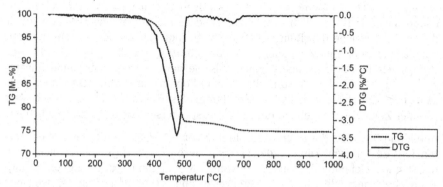

Abb. 66: TGA-Ergebnisse der Referenzprobe (R³-Test) ohne Zusatzstoff (Trocknung 105 °C)

5.4 Untersuchung des Reaktionsverhaltens im zementgebundenen System

Im zementgebundenen System wurden der Rohton sowie der calcinierte Ton im Zementleim bei unterschiedlichen Austauschraten auf die Druck- und Zugfestigkeit nach 28 Tagen untersucht. Außerdem wurden thermogravimetrische Untersuchungen der Zementleimproben im Zeitverlauf durchgeführt. Die Interaktion der Schichten des ungemahlenen calcinierten Tons mit Zementleim wurde mithilfe des „Tunkversuchs" analysiert.

5.4.1 Zug- und Druckfestigkeit der Zementleimproben

Zusätzlich zu den direkten Testmethoden zur Beurteilung des Reaktionsverhaltens der untersuchten Materialien wurden die Druck- und Zugfestigkeiten der Zementleimproben nach 28 Tagen bestimmt. Die Probekörper enthalten neben Zement jeweils den Rohton (RT) bzw. den calcinierten Ton (CT) in den drei verschiedenen Austauschraten von 10 M.-%, 20 M.-% und 30 M.-%. In der Literatur wird die Festigkeitsentwicklung häufig als Referenzwert für die Evaluierung von Untersuchungen des Reaktionsverhaltens verwendet. Dieses Vorgehen ist umstritten, da die Festigkeit neben dem Reaktionsverhalten erheblich von weiterer Einflussfaktoren, wie beispielsweise der Mischungszusammensetzung, der Porengrößenverteilung, dem Luftgehalt und der Mahlfeinheit der Ausgangsstoffe abhängt (vgl. Kapitel 2.3.3.2).

Abbildung 67 und Abbildung 68 zeigen die ermittelten Druckfestigkeiten des Rohtons (RT) und des calcinierten Tons (CT). Die Werte sind jeweils als Mittel-

werte aus sechs Messungen mit der positiven und negativen Standardabweichung dargestellt. Deutlich erkennbar ist, dass die gemessene Druckfestigkeit
der Proben, welche den Rohton enthalten, geringer ist als bei den Mischungen
mit calciniertem Ton bei gleichen Austauschraten. Die Druckfestigkeiten der
Proben mit Rohton sind alle geringer als die der Referenzprobe ohne Zusatzstoff. Mit steigender Austauschrate an Rohton sinkt die Druckfestigkeit
(Abb. 67). Dies lässt sich dadurch erklären, dass bei höheren Austauschraten
weniger Zement enthalten ist, der für die Festigkeitsentwicklung maßgeblich ist.

Abbildung 68 zeigt, dass durch den Ersatz von 10 M.-% und 20 M.-% calcinierten Tons anstelle von Zement gleiche bis höhere Druckfestigkeiten erreicht werden können. Bei einer Austauschrate von 30 M.-% ist die Druckfestigkeit geringfügig geringer als bei der Referenzprobe. Die ähnlichen Werte der
Druckfestigkeit bei der Zugabe von calciniertem Ton in das System könnten
durch die zusätzliche Bildung von Silikatphasen durch die puzzolanische Aktivität erklärt werden, welche maßgeblich zur Festigkeitsentwicklung beitragen.
Um den Effekt des geringeren Anteils an Zement bei steigenden Austauschraten
zu untersuchen, wurde die Druckfestigkeit zusätzlich auf den Zementanteil in
der jeweiligen Mischung bezogen (Abb. 69). Der steigende Verlauf der Proben
mit dem calcinierten Ton ergibt sich daraus, dass die annähernd gleichen Festigkeiten aller Probekörper bei höheren Austauschraten auf einen geringeren Anteil bezogen werden und die Werte folglich steigen.

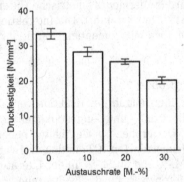 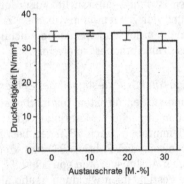

Abb. 67: Druckfestigkeit RT   **Abb. 68:** Druckfestigkeit CT

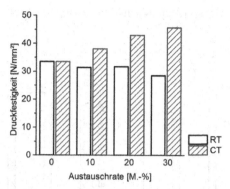

Abb. 69:   Druckfestigkeiten bezogen auf 100 M.-% Zement

Um diese Erkenntnis genauer zu analysieren, wurde der Wasseranspruch des Rohtons verglichen mit dem calcinierten Ton untersucht. Wie untenstehende Ausführungen zeigen, weist der Rohton einen größeren Wasseranspruch im Vergleich mit dem calcinierten Ton auf. Der negative Einfluss des Rohtons auf die Zementhydratation kann etwaig auf diese Beobachtung zurückgeführt werden. Wird Rohton in Zementleimmischungen integriert, nimmt dieser einen großen Anteil des Anmachwassers auf. Dieses gebundene Wasser steht dem Zement zur Reaktion nicht mehr zur Verfügung. Daraus resultierend ist der effektive w/z-Wert geringer und infolgedessen werden weniger festigkeitssteigernde CSH-Phasen gebildet. Bei Zementleimmischungen ohne Zusatzstoffen bewirkt eine Verringerung des w/z-Wertes eine Erhöhung der Festigkeit aufgrund der hohen Festigkeit von unhydratisiertem Zement. Bei den Mischungen, welche den Rohton enthalten sinkt die Festigkeit jedoch bei kleineren effektiven w/z-Werten. Die Festigkeit des Rohtons scheint folglich wesentlich geringer zu sein als die des Zements. Die Zementsteinmatrix kann sich beim Einbezug von Rohton in das System nicht homogen ausbilden und wird durch Partikel des Rohtons unterbrochen. Die Folge davon sind geringere Druckfestigkeiten.

Die ermittelten Biegezugfestigkeiten sind jeweils als Mittelwerte von drei Messungen mit der positiven und negativen Standardabweichung in den Abbildungen 70 und 71 dargestellt. Die Ergebnisse zeigen, das der Einbezug von 10 M.-% und 20 M.-% Rohton (RT) die Zugfestigkeit verglichen mit der Referenzprobe erhöht. Bei einer Austauschrate von 30 M.-% Rohton wird eine geringere Zugfestigkeit erreicht. Die geringfügige Erhöhung der Zugfestigkeit bei den Proben mit 10 M.-% und 20 M.-% Rohton weist auf eine höhere Elastizität des Materials hin. Die Probe mit einer Austauschrate von 10 M.-% des calcinierten Tons (CT) übersteigt die Zugfestigkeit der Referenzprobe. Bei Austauschraten von 20 M.-% und 30 M.-% werden wesentlich geringere Zugfestigkeiten erreicht. Die gesamten Ergebnisse der Zugfestigkeit unterliegen relativ hohen Streuungen, weshalb die

Ergebnisse dieser Untersuchungen für die vorliegende Arbeit nicht die höchste Priorität genießen.

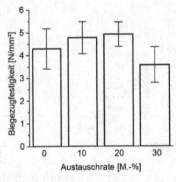
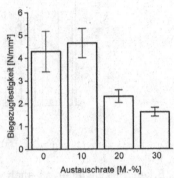

Abb. 70: Zugfestigkeit RT   **Abb. 71:** Zugfestigkeit CT

Um die Ergebnisse der Festigkeitsprüfungen besser auswerten zu können, wurde analog zum Setzfließmaß ein Test durchgeführt, welcher als grobe Einschätzung des Wasseranspruchs dient. Hierfür wurde ein zylinderförmiges Gefäß mit dem Fassungsvermögen von 120 ml verwendet, welches bis zur gleichen Höhe jeweils mit einer Mischung aus Rohton und einer aus calciniertem Ton gefüllt wurde. Der Zylinder wurde im Anschluss abgehoben und die Breite des „Leimkuchens" als Mittelwert in zwei gemessene Richtungen bestimmt. Der verwendete Leim setzt sich jeweils aus Wasser und dem Rohton (RT) bzw. dem calcinierten Ton (CT) mit einem Wasser-Bindemittel-Verhältnis von 0.6 zusammen. Für diesen Test wurden die pulverförmigen Materialien verwendet, welche das 125 µm-Sieb passieren.

Die Resultate sind in den Abbildungen 72 und 73 dargestellt. Für den Leim mit Rohton wurde ein „Setzfließmaß" von 5.40 cm gemessen und für die Probe mit dem calcinierten Ton ergab sich ein Wert von 7.25 cm. Die Mischung mit dem Rohton zeigte annähernd keine Setzung nach dem Abheben des Zylinders, während der Leim mit dem calcinierten Ton deutlich auseinander floss. Dieser einfache Test zeigt, dass der Rohton einen höheren Wasseranspruch als der calcinierte Ton aufzuweisen scheint. Mit der Annahme, dass sich der Wasseranspruch eines Materials mit steigender spezifischer Oberfläche und kleinerer Partikelgrößen erhöht, zeigen sich die Ergebnisse dieses Abschnittes im Einklang mit den lasergranulometrischen Messungen der gleichen Materialien (Abb. 12 und Tab. 12).

Abb. 72: „Setzfließmaß" RT **Abb. 73:** „Setzfließmaß" CT

5.4.2 TGA der Zementleimproben

Die Zementleimproben mit Austauschraten von jeweils 10 M.-%, 20 M.-% und 30 M.-% Rohton (RT) bzw. calcinierten Ton (CT) wurden zu drei Zeitpunkten (1 Tag, 7 und 28 Tage) untersucht. Die TG- und DTG-Kurven der Zementleimmischungen mit calciniertem Ton sowie dem Rohton nach 28 Tagen sind in den Abbildungen 74 und 75 dargestellt.

Um Aussagen über die puzzolanische Aktivität der untersuchten Materialien zu ermöglichen, wurde aus den TGA-Messdaten die Bindung von Calciumhydroxid der eingesetzten Zusatzstoffe analysiert (vgl. Definition auf S. 11, Unterpunkte a) und b)). Dafür wurde zunächst der Calciumhydroxidgehalt mithilfe der unter Kapitel 3.4.1.3 erläuterten Tangentenmethode bestimmt und auf 100 g Bindemittel normiert. Die Ergebnisse sind Abbildung 76 zu entnehmen.

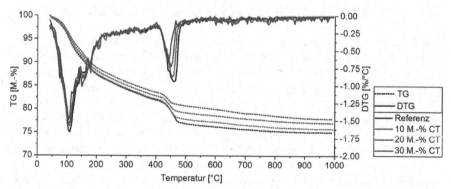

Abb. 74: TG- und DTG-Kurven der Zementleimproben mit CT nach 28 Tagen

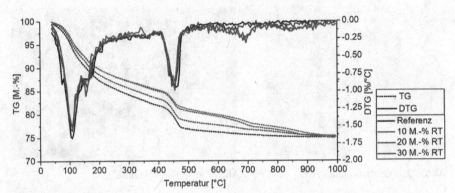

Abb. 75:   TG- und DTG-Kurven der Zementleimproben mit RT nach 28 Tagen

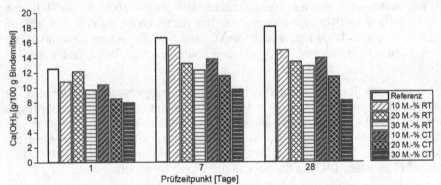

Abb. 76:   Calciumhydroxidgehalt der Zementleimproben im Zeitverlauf

Die Referenzprobe weist, wie erwartet, einen steigenden Gehalt an Calciumhy-droxid im Zeitverlauf auf. Am 28. Tag wurde ein Gehalt von 18.1 g Calciumhy-droxid pro 100 g Zement gemessen. Zu jedem Zeitpunkt und bei allen Aus-tauschraten zeigt die Probe mit dem calcinierten Ton einen geringeren Calciumhydroxidgehalt, verglichen mit derjenigen, die den Rohton enthält. Der calcinierte Ton scheint folglich Calciumhydroxid zu verbrauchen, was auf die puzzolanische Aktivität des Materials hinweist. Bei der Betrachtung des Calci-umhydroxidgehaltes der Proben mit dem calcinierten Ton im Zeitverlauf fällt auf, dass der Gehalt vom ersten bis zum siebten Tag steigt und dann bis zum 28. Tag annähernd konstant bleibt, bzw. bei einer Austauschrate von 30 M.-% sinkt. Folglich wird durch den calcinierten Ton ab dem siebten Tag bei den Aus-tauschraten von 10 M.-% und 20 M.-% etwa gleich viel Calciumhydroxid ver-braucht als durch die Zementhydratation ab diesem Zeitpunkt entsteht. In der Probe mit 30 M.-% calciniertem Ton wird vom siebten bis zum 28. Tag mehr Calciumhydroxid konsumiert als produziert. Ab dem siebten Tag sinkt der Calciumhydroxidgehalt in den Proben mit calciniertem Ton annähernd linear mit steigender Austauschrate. Bei allen Proben der vorliegenden Arbeit, bei denen Teile des Zementes durch den Rohton bzw. den calcinierten Ton ersetzt wurden, sind geringe Gehalte an Calciumhydroxid zu verzeichnen. Mit der Ausnahme der Probe mit 20 M.-% Rohton nach dem ersten Tag, sinkt der Calciumhydroxidgehalt mit steigender Austauschrate. Dies lässt sich insbesondere durch den sinkenden Anteil an Zement erklären, welcher hauptsächlich für die Bildung von Calciumhydroxid verantwortlich ist.

Um zu überprüfen, ob der sinkende Gehalt hauptsächlich aus dem geringen Anteil an Zement bei steigender Austauschrate resultiert, wurde der Calciumhydroxidgehalt zusätzlich in Abbildung 77 bezogen auf 100 g Zement dargestellt. Insbesondere nach sieben und 28 Tagen zeigen die Proben, welche den Rohton enthalten, bei verschiedenen Austauschraten ähnliche Gehalte an Calciumhydroxid bezogen auf den Zementgehalt. Diese Beobachtung korreliert nicht mit den ermittelten Werten für die Druckfestigkeit nach 28 Tagen (Abb. 69). Die Druckfestigkeit bezogen auf den Zementgehalt sinkt mit steigender Austauschrate, wohingegen der Gehalt an Calciumhydroxid annähernd gleich bleibt. Mit den Ergebnissen kann gezeigt werden, dass der negative Einfluss des Rohtons auf die Druckfestigkeit des Zementleims nicht wie oben diskutiert aus einer verminderten Reaktivität des Zementes resultiert.

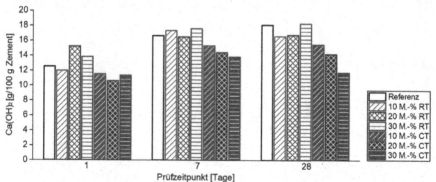

Abb. 77:   Calciumhydroxidgehalt bezogen auf 100 M.-% Zement

Der Calciumhydroxidgehalt der Proben, welche den calcinierten Ton enthalten, bezogen auf den Zementanteil sinkt tendenziell mit steigender Austauschrate. Daraus lässt sich schlussfolgern, dass je kleiner das Verhältnis von Zement zu calciniertem Ton ist, desto geringer fällt die Produktion und desto höher der Konsum von Calciumhydroxid in der Probe aus. Als Resultat ist weniger Calciumhydroxid pro 100 g Zement in der Probe enthalten.

Im nächsten Schritt wurde der Konsum von Calciumhydroxid in den Proben ermittelt. Hierfür wurde anteilig der durch den enthaltenen Zement produzierte Gehalt an Calciumhydroxid abzüglich des tatsächlich in der Probe vorhandenen Gehaltes berechnet. Diesem Vorgehen liegt die vereinfachte Annahme zugrunde, dass beide Materialien komplett unabhängig voneinander reagieren. Der Effekt, dass beispielsweise der calcinierte Ton den Zement durch Keimbildungseffekte zur vermehrten Produktion von Calciumhydroxid anregt, ist bei dieser Berechnung außer Acht gelassen. „Negativer Konsum" in Abbildung 78 bedeutet, dass mehr Calciumhydroxid gebildet als anteilig durch den Zement in der Referenzprobe produziert wurde. Dies ist lediglich teilweise bei Proben mit Rohton zu beobachten und widerspricht erneut den Beobachtungen bei den Druckfestigkeitsversuchen.

Die vorliegenden Ergebnisse bestätigen folglich, dass die Druckfestigkeit nicht zwangsläufig mit dem Reaktionspotenzial von Zusatzstoffen gleichzusetzen ist. An dieser Stelle soll jedoch erneut erwähnt werden, dass die Gehalte an Calciumhydroxid in den Proben mit dem Rohton leicht überschätzt sein können, da auch der Rohton als Ausgangsstoff Bestandteile enthält die im selben Temperaturbereich zerfallen wie Calciumhydroxid. Die Ergebnisse der Proben mit calciniertem Ton zeigen nach dem siebten und dem 28. Tag einen steigenden Konsum von Calciumhydroxid mit der Zeit und mit der Austauschrate. Diese Beobachtung kann als Hinweis auf die puzzolanische Aktivität des calcinierten Tons dienen.

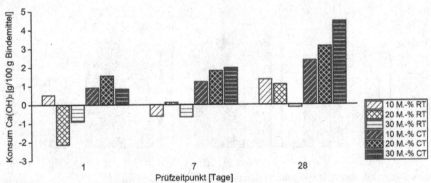

Abb. 78:   Konsum Calciumhydroxid im Zeitverlauf

Weitere wesentliche Faktoren der puzzolanischen Aktivität von Zusatzstoffen sind die Art und die Eigenschaften der gebildeten Reaktionsprodukte (vgl. Definition auf S. 11, Unterpunkt c)). Um diesen Aspekt mithilfe der TGA-Messdaten der vorliegenden Arbeit zu untersuchen, wurde zunächst jeweils das gesamte chemisch gebundene Wasser als Massenverlust zwischen 40 °C und 600 °C abzüglich der dem Calciumhydroxid zugeordneten Massenänderung ermittelt. Der Massenverlust zwischen 40 °C und 600 °C wurde zudem korrigiert um den Massenverlust der Ausgangsstoffe in diesem Temperaturintervall. Diese Korrektur ist insbesondere für die Proben, die Rohton enthalten, notwendig, damit Massenverlust durch das Entweichen des Zwischenschichtwassers der Tonminerale sowie Dehydroxylierungsprozesse nicht dem chemisch gebundenen Wasser zugeordnet werden (vgl. Abb. 44). Die auf 100 g Bindemittel normierten Ergebnisse sind in Abbildung 79 gezeigt und die auf den Zementgehalt bezogenen Werte sind Abbildung 80 zu entnehmen.

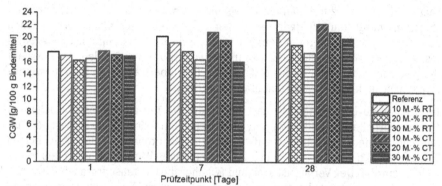

Abb. 79: Chemisch gebundenes Wasser der Zementleimproben im Zeitverlauf

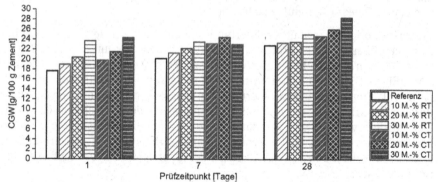

Abb. 80: Chemisch gebundenes Wasser bezogen auf 100 M.-% Zement

In Abbildung 79 ist zu erkennen, dass nach dem ersten Tag in allen Proben noch annähernd gleich viel chemisch gebundenes Wasser enthalten ist. Ab dem siebten Tag sind Unterschiede bezüglich der beiden Materialien sowie der Austauschraten zu erkennen. Je höher die Austauschrate ist, desto geringer sind die Werte des chemisch gebundenen Wassers. Mit der Ausnahme der Austauschrate von 30 M.-% nach 7 Tagen sind die Werte für die Proben mit dem calcinierten Ton, verglichen mit dem Rohton, höher. Diese Beobachtung würde die puzzolanische Aktivität des calcinierten Tons, durch die zusätzliche Hydratphasen gebildet werden, bestärken.

Bezogen auf den Zementanteil ist in allen untersuchten Proben ein höherer Gehalt an chemisch gebundenem Wasser enthalten als in der Referenzprobe (Abb. 80). Bei den Proben, welche den Rohton enthalten, ist dies besonders nach dem ersten und dem siebten Tag zu erkennen. Hierfür kann es unterschiedliche Gründe geben. Zum einen könnte diese Beobachtung auf den Füllereffekt zurückzuführen sein, durch den ein zugegebener Stoff den Zement zur vermehrten Reaktion anregt und infolgedessen in den TGA-Ergebnissen mehr Hydratphasen zu erkennen sind. Außerdem denkbar wären weitere Reaktionen des Zusatzstoffes, in denen Wasser chemisch gebunden wird. Letztere Überlegung wäre auf die puzzolanische Aktivität des calcinierten Tons übertragbar, durch die weitere Hydratphasen in das System eingebracht werden.

Interessant zu beobachten ist, dass nach dem 28. Tag alle Proben, welche den Rohton enthalten, etwa gleich viel chemisch gebundenes Wasser bezogen auf den enthaltenen Zementanteil aufweisen. Für die Proben mit dem calcinierten Ton ist je 100 g Zement mehr chemisch gebundenes Wasser enthalten als in der Referenzprobe. Der Verlauf ist steigend je höher die Austauschrate ist. Diese Beobachtung unterstützt die Annahme, dass calcinierter Ton durch puzzolanische Eigenschaften in der Lage ist, zusätzlich zu den Hydratphasen der Zementreaktion eigene Reaktionsprodukte zu bilden.

Die im vorherigen Abschnitt erläuterten Ergebnisse des gesamten chemisch gebundenen Wassers in den Proben wurde zudem mithilfe der unter Kapitel 3.4.1.3 beschriebenen Peakanalyse unterschiedlichen Prozessen zugeordnet. Auch BEUNTNER teilte in ihren Untersuchungen den im Temperaturintervall von 20 °C bis 400 °C thermogravimetrisch ermittelten Massenverlust in drei verschiedene Bereiche ein (Beuntner 2017, S. 52). Im Gegensatz zu der bereichsweisen Einteilung des Intervalls in ihrer Veröffentlichung, wurden die Prozesse in der vorliegenden Arbeit als sich überlagernde Vorgänge behandelt. Die drei ermittelten Peaks sind in Abbildung 81 aus Gründen der Übersichtlichkeit erneut exemplarisch dargestellt.

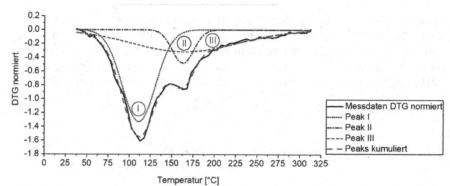

Abb. 81: Peakanalyse exemplarisch (Referenz Zementleim, 1 Tag)

Peak I, dessen charakteristische Temperatur bei etwa 110 °C liegt, wurde in An-lehnung an die in den Tabellen 17 bis 19 zusammengefasste, gesichtete Litera-tur CSH- sowie AFt-Phasen[10], wie beispielsweise Ettringit[11], zugeordnet. Diese beiden Phasengruppen werden auch von BEUNTNER in dem ersten Bereich er-fasst, welcher bis 140 °C reicht (Beuntner 2017, S. 52). In den Auswertungen von DANNER werden Massenverluste bei etwa 130 °C dem Zerfall von CSH-Pha-sen und Ettringit zugeordnet (Danner 2013, S. 149). Da insbesondere CSH-Pha-sen in einem sehr großen Temperaturbereich bis 440 °C nach TIRONI et al. und 600 °C nach LOTHENBACH et al. zerfallen, wird auch Peak III den CSH-Phasen zugeordnet (Tironi et al. 2014; K. Scrivener et al. 2015). Peak III erstreckt sich, im Vergleich zu den anderen beiden Peaks, als flachere Erhebung im gesamten Temperaturintervall von 40 °C bis gut 300 °C.

Peak II, dessen charakteristische Temperatur bei etwa 160 °C liegt und der in der DTG-Kurve deutlich als „Schulter" auffällt, wurde in der vorliegenden Arbeit, basierend auf der in den Tabellen 17 bis 19 zusammengefassten Recherche, CAH-, CASH- sowie AFm-Phasen[12] zugeordnet. In den Untersuchungen von DAN-NER wird ein ähnlich ausgeprägter Peak bei etwa 190 °C dem Zerfall von AFm-Phasen zugewiesen (Danner 2013, S. 149). In diesen Bereich fällt beispiels-weise die Phase C_2ASH_8, welche aus der puzzolanischen Reaktion von Metakao-lin hervorgeht (vgl. Gleichung 2.2) und von MORSY bei Untersuchungen von Mi-schungen aus Metakaolin, Calciumhydroxid, Silicastaub und Wasser als eindeutiger Peak bei 160 °C identifiziert wurde (Morsy 2005).

---

10   Trisulfat-Phasen, welche neben drei Molekülen $CaSO_4$ die Oxide CaO, Al_2O_3 und / oder Fe_2O_3 sowie H_2O enthalten.
11   Ettringit besitzt die Summenformel $3\,CaO \cdot Al_2O_3 \cdot 3\,CaSO_4 \cdot 32\,H_2O$.
12   Monosulfat-Phasen, welche neben einem Molekül $CaSO_4$ die Oxide CaO, Al_2O_3 und / oder Fe_2O_3 sowie H_2O enthalten.

Die Integrale der Peaks aus der Peakanalyse wurden verwendet, um die Anteile der nach obig beschriebenem Vorgehen zugeordneten Phasen zu berechnen. Der Anteil an CSH- sowie AFt-Phasen an dem gesamten chemisch gebundenen Wasser nach Abbildung 79 ergibt sich folglich nach Gleichung 5.1. Der Anteil der CAH-, CASH- sowie AFm-Phasen bestimmt sich analog über Gleichung 5.2.

$$\text{CSH- und AFt-Phasen [\%]} = \frac{\text{Peak I} + \text{Peak III}}{\text{Peak I} + \text{Peak II} + \text{Peak III}} \cdot 100\,\% \qquad (5.1)$$

$$\text{CAH-, CASH- und AFm-Phasen [\%]} = \frac{\text{Peak II}}{\text{Peak I} + \text{Peak II} + \text{Peak III}} \cdot 100\,\% \qquad (5.2)$$

Die Ergebnisse für die Menge an CSH- und AFt-Phasen sind, jeweils bezogen auf 100 g Bindemittel sowie 100 g Zement, den Abbildungen 82 und 83 zu entnehmen.

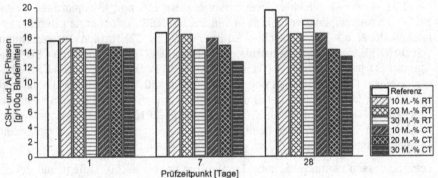

Abb. 82:   CSH- und AFt-Phasen der Zementleimproben (Peak I + III)

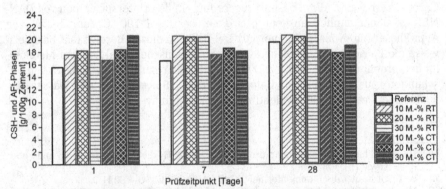

Abb. 83:   CSH- und AFt-Phasen bezogen auf 100 M.-% Zement (Peak I + III)

Mit der Ausnahme der Mischungen mit 20 M.-% und 30 M.-% des calcinierten Tons steigen die Gehalte im Zeitverlauf. Abbildung 82 zeigt zudem, dass nach dem ersten Tag in jeder Zementleimmischung noch etwa gleich viel der Phasen enthalten ist. Der Zusatz von Rohton und calciniertem Ton scheint bis zum ersten Tag den in den Mischungen fehlenden Gehalt an Zement, beispielsweise durch den Füllereffekt, ausgleichen zu können. Erste Unterschiede sind ab dem siebten Tag zu erkennen. Zu diesem Zeitpunkt enthalten die Proben mit 10 M.-% Rohton bzw. calcinierten Ton mehr CSH- bzw. AFt-Phasen als die Referenzprobe. Bei größeren Austauschraten sinkt der Gehalt solcher Phasen. Diese Beobachtung könnte bei dem Rohton Hinweise auf den Füllereffekt und beim calcinierten Ton auf puzzolanische Eigenschaften geben. Nach 28 Tagen sind die Unterschiede zu der Referenzprobe, welche den höchsten Gehalt der Phasen zeigt, noch deutlicher zu erkennen. Je größer die Austauschrate durch einen der untersuchten Zusatzstoffe, desto weniger CSH- und AFt-Phasen sind in der Probe enthalten. Bezogen auf den Zementanteil sind, mit Ausnahme der Proben mit einer Austauschrate von 30 M.-%, annähernd gleich viele der betrachteten Phasen enthalten (vgl. Abb. 83).

Die Abbildungen 84 und 85 zeigen die Ergebnisse für die Gehalte an CAH-, CASH- und AFm-Phasen bezogen auf 100 g Bindemittel sowie auf 100 g Zement. Analog zu den Ergebnissen für die CSH- und AFt-Phasen sind nach dem ersten Tag noch keine erheblichen Unterschiede bei den zwei untersuchten Materialien und verschiedenen Austauschraten zu erkennen. Für die Proben, welche den calcinierten Ton enthalten, steigt der Gehalt dieser Phasen mit der Zeit. Diese Beobachtung bekräftigt die Annahme, dass durch die puzzolanische Aktivität des calcinierten Tons vermehrt aluminatreiche Phasen gebildet werden (Danner 2013, S. 147-148). Nach 28 Tagen liegt der Gehalt dieser Phasen bei den Proben mit calciniertem Ton deutlich über denen der Referenzprobe. Ab dem siebten Tag sind in diesen Proben zudem mehr der aluminatischen Phasen enthalten, verglichen mit den Proben, welche zu gleichen Austauschraten den Rohton enthalten.

Da es sich bei der Peakanalyse sowie der vorgenommen Zuordnung der Phasen zu den verschiedenen Peaks um eine starke Vereinfachung der sehr komplexen, parallel ablaufenden Prozesse handelt und da die Bereiche nicht eindeutig einzelnen Phasen zugeordnet werden können, bieten die gezeigten Ergebnisse lediglich einen groben Anhaltspunkt. Sie können zudem als Basis für weitere Untersuchungen in diesem Bereich dienen sowie durch ergänzende Analysen erweitert werden.

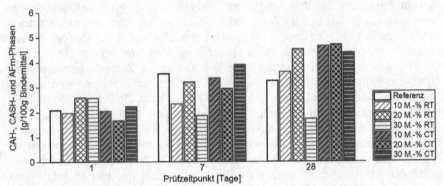

Abb. 84: CAH-, CASH- und AFm-Phasen der Zementleimproben (Peak II)

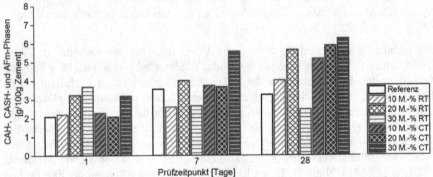

Abb. 85: CAH-, CASH- und AFm-Phasen bezogen auf 100 M.-% Zement (Peak II)

5.4.3 „Tunkversuch"

Für die Auswertung des „Tunkversuchs" wurden Aufnahmen mithilfe des Elektronenmikroskopes durchgeführt. Der Fokus der Untersuchungen für diese Arbeit lag auf der Analyse des Übergangsbereiches zwischen dem calcinierten Tonstück und dem Zementleim. Hierfür wurden Aufnahmen der äußeren sowie der inneren Schicht des calcinierten Tons erstellt, die die Interaktion der jeweiligen Schicht mit dem Zementleim zeigen. Elementanalysen durch Punktscans sowie Mappings ergänzten die visuellen Analysen der relevanten Bereiche.

Zur Identifikation der enthaltenen Bestandteile wurden zunächst punktuelle Elementanalysen durchgeführt, welche in den Abbildungen 86 und 87 in BSE-Aufnahmen dargestellt sind. Beide Aufnahmen zeigen den Übergang der unbearbeiteten äußeren Schicht (CTSA) der calcinierten Tonstücke zum Zementleim. Die

Elementanalysen enthalten Informationen über Bestandteile des calcinierten Tons, des Zementleims sowie der Übergangszone.

Die Bildpunkte 2 in der Abbildung 86 sind relativ eindeutig Quarz zuzuordnen. Des Weiteren enthält der calcinierte Ton Phasen aus Silicium, Aluminium und Calcium mit wechselnden Anteilen (Punkt 1, Punkt 3 und Punkt 4 in Abb. 86). In der Interaktionszone sind vorwiegend Phasen aus dem Zementleim zu erkennen. Diese bestehen hauptsächlich aus Silicium und Calcium sowie teilweise aus Magnesium (Punkt 5 in Abb. 86). Der Übergangsbereich ist eindeutig als abgegrenzte Zone zu erkennen, in die Reaktionsprodukte seitens des Zementleims hereinwachsen.

In Abbildung 87 sind Elementanalysen vorwiegend von Bestandteilen aus dem calcinierten Ton dargestellt. Die Aufnahme zeigt zum einen uncalcinierte Tonminerale (Punkt 3 in Abb. 87) aus Silicium, Aluminium und Eisen. Zum anderen sind auch in dieser Abbildung Quarzkristalle zu erkennen (Punkt 2 in Abb. 87). Die ungeordnete Struktur von Punkt 1 lässt calcinierte Tonminerale vermuten. Eine Übersicht über die mittels EDX-Punktanalysen ermittelten Elemente ist Tabelle 22 zu entnehmen.

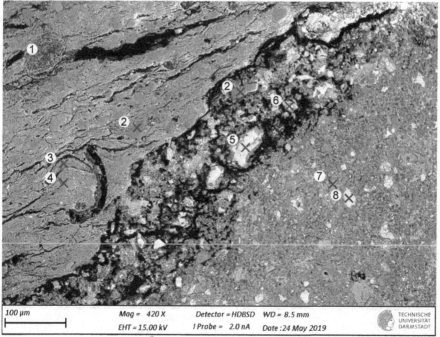

Abb. 86:   BSE-Aufnahme der Übergangszone der unbearbeiteten Außenkante CTSA (links, oben) und Zementleim (rechts, unten)

Tab. 22: Übersicht über die mittels EDX-Punktanalyse ermittelten Elemente

Element	Abb. 86								Abb. 87		
	1	2	3	4	5	6	7	8	1	2	3
Silicium	+	+++	+	+++	+	+		+	+++	+++	++
Aluminium				++					+		+
Eisen											++
Brom									+		
Calcium	+++		+++	+	+++	+++	+++	+++			
Magnesium				+++							

+: 5 M.-% – 12.5 M.-%; ++: 12.5 M.-% – 20 M.-%; +++: > 20 M.-%

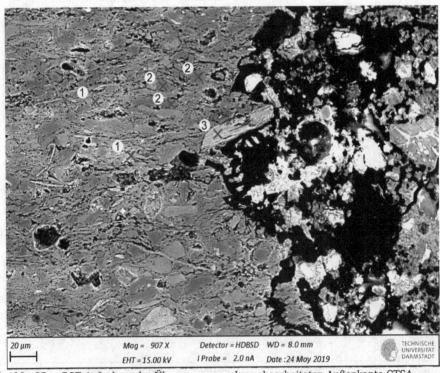

20 µm   Mag = 907 X   Detector = HDBSD   WD = 8.0 mm   TECHNISCHE
                                                                  UNIVERSITÄT
          EHT = 15.00 kV   I Probe = 2.0 nA   Date : 24 May 2019   DARMSTADT

Abb. 87: BSE-Aufnahme der Übergangszone der unbearbeiteten Außenkante CTSA
(links) und Zementleim (rechts)

Neben punktuellen Elementanalysen zur Identifikation von einzelnen Phasen wurden von den relevanten Bereichen zusätzlich Mappings durchgeführt. Abbildung 89 zeigt die BSE-Aufnahme des Übergangsbereichs zwischen der äußeren Schicht des calcinierten Tons und dem Zementleim. Es handelt sich dabei um die äußeren Bereiche der Schnittfläche des Stückes, welches in Zementleim getunkt wurde. Folglich weist diese Schicht einen anders ausgeprägten Übergang zum Zementleim auf verglichen mit der unbehandelten Außenkante in den Abbildungen 86 und 87. Abbildung 90 zeigt das Mapping des Bildausschnittes mit den Elementen Silicium, Aluminium, Calcium und Schwefel. Die darauf folgende Abbildung 91 stellt den Übergangsbereich zwischen der inneren Schicht des calcinierten Tons (CTSI) und dem Zementleim dar und in Abbildung 92 ist das Mapping dieses Bereiches zu sehen. Einen Überblick über die betrachteten Stellen liefert Abbildung 88.

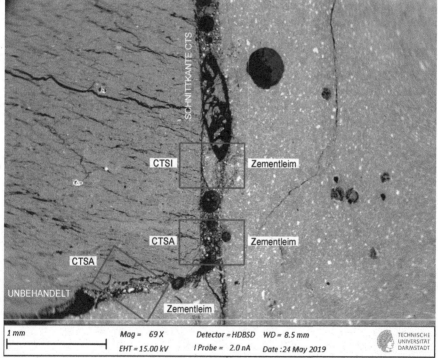

Abb. 88: BSE-Aufnahme zur Übersicht der Übergangszonen von CTS und Zementleim

Die Abbildungen dieses Unterkapitels lassen klare strukturelle Unterschiede zwischen dem calcinierten Tonstück und dem Zementleim erkennen. Während der calcinierte Ton eine plattenförmige Struktur aufweist, zeigt der Zementleim eine homogene Matrix. Der Übergangsbereich beider Systeme ist sehr deutlich ausgebildet. Beim Vergleich der Abbildungen 89 und 91 fällt auf, dass die Übergangszone im Bereich des inneren calcinierten Tons (CTSI) ein dichteres Gefüge aufweist verglichen mit dem äußeren Material des calcinierten Tons (CTSA). Diese Erkenntnis kann jedoch nicht als allgemeingültig angesehen werden, da an dieser Stelle lediglich zwei Bereiche verglichen werden und auch beim Übergang des inneren Bereiches vom calcinierten Ton zum Zementleim weniger dichte Zonen zu erkennen sind.

Interessant ist vor allem, dass die Schnittkante des calcinierten Tonstückes in den BSE-Aufnahmen nach wie vor eindeutig als solche zu erkennen ist. Die Aufnahmen lassen vermuten, dass der calcinierte Ton als Stück kaum bis gar nicht an der Bildung von Reaktionsprodukten bis zum 28. Tag beteiligt war. Insbesondere in dem Übergangsbereich, der ausreichend Raum für das Calciumhydroxid aus der Zementhydratation bietet, wurde zunächst vermutet, dass sich an dieser Stelle Bestandteile des calcinierten Tons lösen und puzzolanisch reagieren.

Um diesen Sachverhalt näher zu beleuchten, wurden Mappings der beiden Bereiche durchgeführt. Sie sind für die äußere Schicht in Abbildung 90 und für den inneren Kern in Abbildung 92 für die Elemente Silicium, Aluminium, Calcium und Schwefel zu sehen. Die Auswahl der Elemente beschränkt sich an dieser Stelle auf die Hauptbestandteile der untersuchten Komponenten. Die Elementanalysen in Abbildung 90 und 92 belegen eindeutig, dass die Übergangszone nahezu ausschließlich durch die Reaktionsprodukte des Zementes gebildet wird. Unabhängig von der betrachteten Schicht werden im calcinierten Ton hauptsächlich Silicium und Aluminium identifiziert, während im Zementleim und in der Übergangszone zusätzlich Calcium und Schwefel zu finden sind. Besonders auffällig ist zudem, dass in der Übergangszone beider Aufnahmen Anhäufungen von Schwefel detektiert wurden. Bei diesen schwefelhaltigen Phasen kann es sich unter anderem um Ettringit handeln. Da die Bildung von Ettringit mit einer erheblichen Volumenzunahme einhergeht, könnten diese Phasen vermehrt in Zonen zu finden sein, die ausreichend Platz bieten, wie beispielsweise die Übergangszone.

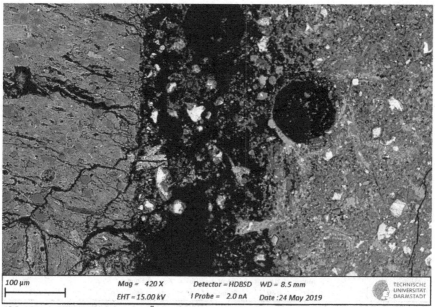

Abb. 89:   BSE-Aufnahme der Übergangszone CTSA (links) und Zementleim (rechts)

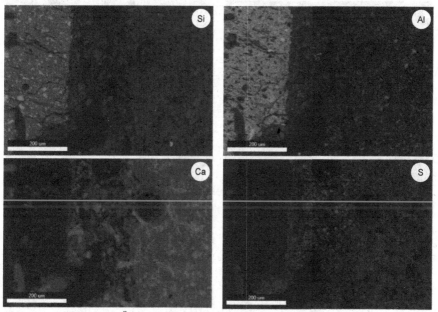

Abb. 90:   Mapping der Übergangszone CTSA (links) und Zementleim (rechts)

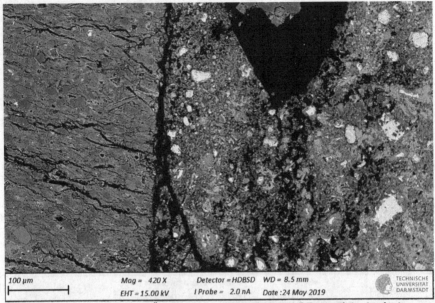

Abb. 91: BSE-Aufnahme der Übergangszone CTSI (links) und Zementleim (rechts)

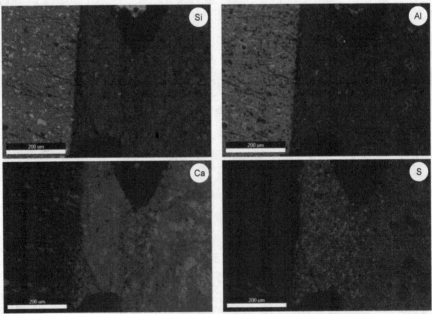

Abb. 92: Mapping der Übergangszone CTSI (links) und Zementleim (rechts)

6 Diskussion der Ergebnisse

Das vorliegende Kapitel diskutiert die Ergebnisse dieser Arbeit in ihrem Gesamt-
zusammenhang und versucht mithilfe von zusätzlichen Informationen aus ein-
schlägiger Literatur ein ganzheitliches Verständnis über die untersuchte Thematik zu generieren.

6.1 Untersuchung der einzelnen Schichten des calcinierten Tons

Im folgenden Abschnitt werden Erklärungsansätze für die optisch klar zu erkennende Schichtbildung der untersuchten industriell im Drehrohrofen hergestellten calcinierten Tonstücke sowie deren Eigenschaften anhand der Ergebnisse
der vorliegenden Arbeit diskutiert.

Die rötlich-braune äußere Schicht könnte ihren Ursprung darin haben, dass aufgrund des Temperaturgradienten in den Tonstücken bei der Calcinierung in den
äußeren Bereichen eine höhere Temperatur vorherrscht als im Inneren des Materials. Infolgedessen würde die Randzone der Stücke sintern und der Kern demgegenüber noch nicht vollständig calciniert sein (Beuntner 2017, S. 13). Diese
Überlegung wird durch die thermogravimetrischen Ergebnisse der Ausgangsstoffe unterstützt. Der calcinierte Ton zeigt bei TGA-Messungen einen Massenverlust zwischen 600 °C und 750 °C (vgl. Abb. 44). Nach den Messergebnissen
des Rohtons ist diesem Temperaturintervall die Dehydroxylierung von Tonmineralen des verwendeten Tons zuzuordnen. Da dieser Temperaturbereich unterhalb der Calcininierungstemperatur von etwa 750 °C liegt, ist zu vermuten, dass
der Rohton durch diesen Prozess nicht vollständig dehydroxyliert wurde. Bestärkt wird diese Vermutung weiterhin durch die separaten TGA-Messungen der
beiden Schichten des calcinierten Tons. Der äußere Bereich zeigt einen geringfügig kleineren Massenverlust in diesem Temperaturintervall, verglichen mit
dem inneren Kern, was auf einen höheren Calcinierungsgrad in den Randzonen
hinweist (vgl. Abb. 45). Mit der zuvor erläuterten Annahme, dass in dem betrachteten ungemahlenen calcinierten Ton im Vergleich zu dem gemahlenen calcinierten Ton prozentual mehr Material der äußeren Schicht vorliegt, weist auch
der Unterschied des Massenverlustes zwischen 600 °C und 750 °C der beiden
Materialien auf einen höheren Calcinierungsgrad in der äußeren Schicht hin
(vgl. Abb. 44).

© Springer Fachmedien Wiesbaden GmbH, ein Teil von Springer Nature 2020
K. Weise, *Über das Potenzial von calciniertem Ton in zementgebundenen
Systemen*, Werkstoffe im Bauwesen | Construction and Building Materials,
https://doi.org/10.1007/978-3-658-28791-7_6

Die rötlich-braune Färbung der Randbereiche könnte aus Oxidationsprozessen bei der Calcinierung resultieren. Nach BEUNTNER und THIENEL sowie DANNER oxidiert das in dem Ton enthaltene Eisen bei der Calcinierung (Beuntner und Thienel 2015, S. 45; Danner 2013, S. 203). Das daraus entstehende Eisenoxid würde den Unterschied in der Farbe der äußeren Schicht und dem inneren Kern erklären. In den innen liegenden Bereichen wird die Oxidation von Eisen durch die mangelnde Sauerstoffzufuhr erschwert. Auch eigene röntgendiffraktometrische Analysen zeigen in der äußeren Schicht der calcinierten Tonstücke mehr eisenoxidhaltige Phasen, verglichen mit dem inneren Kern. Untersuchungen von BEUNTNER dokumentieren zudem, dass die farbliche Abgrenzung der äußeren und inneren Schichten bei einer höheren Calcinierungstemperatur weniger ausgeprägt vorliegt (Beuntner 2017, S. 14). Diese Beobachtung bestärkt die Annahme, dass die Schichtenbildung des Materials durch verschiedene Calcinierungsgrade hervorgerufen wird.

Bei den thermogravimetrischen Analysen zeigte sich zudem besonders auffällig, dass die äußere Schicht, verglichen mit der inneren, deutlich mehr gebundenes Wasser enthält, welches als Massenverlust bei etwa 120 °C erkennbar ist. Aus der zuvor beschriebenen Erklärung, dass die äußere Schicht einen höheren Calcinierungsgrad aufweist als die innere, kann geschlussfolgert werden, dass das Wasser erst nach der Calcinierung in die Randbereiche des Materials gelangt ist. Denkbar wäre die Aufnahme von Wasser bei der Lagerung der calcinierten Tonstücke vor dem Mahlprozess.

Beim Vergleich der XRD-Ergebnisse der inneren und äußeren Schichten fallen drei Signale eindeutig auf, welche in dem Randbereich erscheinen und in den Messdaten des Kerns weniger stark ausgeprägt sind. Wie Abbildung 93 zu entnehmen, liegen sie bei 11.8 °, 20.8 °, und 29.2 °. Weitere kleinere Signale wurden diesbezüglich bei 31.2 °, 33.3 ° und 43.5 ° detektiert. Abbildung 93 zeigt den Ausschnitt der XRD-Messdaten, in dem die Unterschiede in den Schichten besonders deutlich zu erkennen sind. Das vollständige Diffraktogramm ist Abbildung 103 im Anhang zu entnehmen. Die genannten Signale lassen sich eindeutig Gips zuordnen. Diese Beobachtung lässt sich dadurch erklären, dass sulfathaltige Bestandteile des Rohtons während der Calcinierung mit Calcium zu Calciumsulfat regieren. Bei der anschließenden Lagerung der calcinierten Tonstücke kann durch die Luftfeuchtigkeit Wasser gebunden werden, sodass Gips (Ca$SO_4 \cdot 2H_2O$) entsteht. Das Vorliegen von Gips in der äußeren Schicht erklärt zudem den erheblichen Massenverlust der Probe im TGA-Gerät bei 120 °C, verglichen mit der Probe der inneren Schicht. Da Gips kristallin ist, würde diese Erkenntnis zudem erklären, dass der Gehalt an amorphen Phasen im äußeren Bereich geringer ist als innen (Tab. 20).

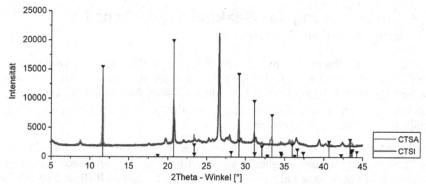

Abb. 93: XRD der inneren (CTSI) und äußeren Schicht (CTSA) sowie die charakteristischen Signale von Gips ($CaSO_4 \cdot 2H_2O$)

Elementanalysen der beiden untersuchten Schichten, welche mithilfe eines Rasterelektronenmikroskops durchgeführt wurden, zeigen keine eindeutigen Unterschiede. Dieses Ergebnis liegt nicht im Widerspruch zu der obigen Erklärung für die Unterschiede in den Schichten. Die chemische Zusammensetzung des Rohtons ändert sich bei der Calcinierung nicht maßgeblich, wie Untersuchungen unter anderem von DANNER zeigen. Lediglich der Eisenoxidgehalt ändert sich durch Oxidationsprozesse während der Calcinierung, was auch in eigenen röntgendiffraktometrischen Analysen nachgewiesen werden konnte. (Danner 2013, S. 100)

Die BSE-Aufnahmen der Schichten des industriell im Drehrohrofen hergestellten calcinierten Tons zeigen strukturelle Unterschiede der äußeren Randzone und des inneren Kerns (Abb. 46). In den Aufnahmen ist zu erkennen, dass die äußeren Bereiche wesentlich poröser sind als die inneren. Jedoch beschränkt sich die poröse Struktur auf einen sehr kleinen Bereich (etwa 200 µm), der nicht die gesamte äußere Schicht, bezeichnet als CTSA, umfasst. Die poröse Struktur kann etwaig auf die Wasseraufnahme bei der Lagerung der Stücke zurückgeführt werden. Von diesem äußeren Rand ausgehend ist eine dichtere Struktur zu erkennen im Vergleich zu weiter innen liegenden Bereichen. Diese dichte Struktur weist auf calcinierte Tonbestandteile hin. Folglich unterstützen die BSE-Aufnahmen die Schlussfolgerung, dass die äußere Schicht einen höheren Calcinierungsgrad aufweist als der Kern der calcinierten Tonstücke.

6.2 Untersuchung des Reaktionsverhaltens im klinkerfreien System

Für die Untersuchung der Reaktionsverhalten des Rohtons, des calcinierten Tons sowie der beiden Schichten wurden zunächst Analysen im klinkerfreien System durchgeführt. Diesbezüglich wurde zum einen die Ionenlöslichkeiten von Silicium-, Aluminium- und Calciumionen sowie das Verhalten in einer alkalischen Emulsion (R^3-Emulsion) untersucht.

Die Ergebnisse der Löslichkeitsversuche zeigen nur sehr geringe Löslichkeiten für Aluminium und Silicium aller Materialien bis zum 28. Tag. Diese Beobachtung liegt im Einklang mit ähnlichen Analysen von BEUNTNER (Beuntner 2017, S. 55). Ihre Untersuchungen zeigten zudem, dass die Löslichkeit erheblich von dem verwendeten alkalischen Medium abhängt und beispielsweise in Lösungen mit Kalium- und Natriumhydroxid, verglichen mit Calciumhydroxid, wesentlich höhere Ionenkonzentrationen nachzuweisen sind. Unterschiede der Löslichkeit zwischen den beiden Schichten des calcinierten Tons konnten in der vorliegenden Arbeit nicht gezeigt werden. Im Gesamten weisen die Löslichkeitsuntersuchungen keine eindeutig interpretierbaren Tendenzen auf. Auch dass der Calcinierungsvorgang des Rohtons die Ionenlöslichkeit erhöht, konnte mit den Ergebnissen der vorliegenden Arbeit nicht bestätigt werden (Beuntner 2017, S. 116; Danner 2013, S. 204; He, S. 1696).

Neben der Löslichkeit der Silicium- und Aluminiumionen wurde auch die Calciumionenkonzentration bestimmt. Im Gegensatz zu den Ergebnissen von BEUNTNER konnte ein Konsum von Calciumionen durch den calcinierten Ton im Zeitverlauf nicht nachgewiesen werden (Beuntner 2017, S. 56). Aufgrund der mangelnden Interpretierbarkeit der Ergebnisse aus den Löslichkeitsversuchen dieser Arbeit werden sie in der weiteren Diskussion nicht weiter verfolgt. Anzumerken ist an dieser Stelle, dass die Ionenlöslichkeit von Zusatzstoffen in der Literatur als nicht ausreichend für die Beurteilung der Reaktivität angesehen wird und häufig vor allem als Hilfsmittel bei der Interpretation von weiteren Untersuchungen Verwendung findet (Danner 2013, S. 87).

Der R^3-Test, der über ein vereinfachtes Verfahren das chemisch gebundene Wasser in Proben bestimmt, welche den zu untersuchenden Stoff, Wasser, Calcium- und Kaliumhydroxid sowie Kaliumsulfat enthalten, wurde mit dem Rohton sowie dem ungemahlenen und gemahlenen calcinierten Ton durchgeführt. Die Ergebnisse zeigen die höchste Reaktivität für den gemahlenen calcinierten Ton, gefolgt von dem ungemahlenen calcinierten Ton und die niedrigste für den Rohton (Abb. 59). Im Zeitverlauf steigt das über dieses Verfahren ermittelte chemisch gebundene Wasser für die beiden calcinierten Tone. Diese Ergebnisse sind realistisch und bestätigen, dass der Ton durch die Calcinierung puzzolanische Eigenschaften erlangt.

Um nähere Informationen über das Reaktionsverhalten der untersuchten Stoffe zu erhalten sowie den R^3-Test als einfach durchzuführendes Verfahren zu evaluieren, wurden die Proben dieses Tests zusätzlich mittels Thermogravimetrie analysiert. Hierfür wurden zusätzlich Proben entnommen, welche anstelle der Trocknung bei 105 °C mit Aceton nachbehandelt wurden. Der Vergleich beider Nachbehandlungsmethoden zeigt, dass durch die Trocknung bei 105 °C Teile von gebildeten Hydratphasen zerstört werden.

Die Ermittlung des chemisch gebundenen Wassers im TGA-Gerät der mit Aceton nachbehandelten Proben ergibt, dass der ungemahlene und der gemahlene calcinierte Ton ähnliche Gehalte aufweisen (Abb. 64). Durch das Ergebnis kann dem R^3-Test unterstellt werden, die Reaktivität des ungemahlenen calcinierten Tons als zu gering einzuschätzen, da Hydratphasen, welche bis 105 °C bei der Trocknung zerfallen, nicht im chemisch gebundenen Wasser (CGW-R^3) berücksichtigt werden. Festzuhalten ist an dieser Stelle, dass der R^3-Test das Reaktionspotenzial von Materialien, welche Hydratphasen bilden, die bis 105 °C zerfallen, unterschätzt. Die Beobachtung, dass der ungemahlene und der gemahlene calcinierte Ton ein ähnliches Reaktionsverhalten aufweisen wird auch durch die Werte für den Konsum von Calciumhydroxid bestätigt (Abb. 65). Die Ergebnisse der vorliegenden Arbeit zeigen zudem, dass sich die Beurteilung des Reaktionsverhaltens anhand des Konsums von Calciumhydroxid, verglichen zu dem chemisch gebundenen Wasser, robuster gegenüber den beiden Nachbehandlungsmethoden verhält.

Für die Evaluierung des R^3-Tests wurde zunächst überprüft, ob das im R^3-Test ermittelte chemisch gebundene Wasser der Proben eine Korrelation zu dem Konsum an Calciumhydroxid aufweist (R^3-Proben nachbehandelt mit Aceton). Wenn das CGW-R^3 als Indikator für puzzolanische Aktivität verwendet wird, sollten die in diesem Abschnitt betrachteten Messwerte idealerweise einen linearen Zusammenhang zeigen. Die Datenpunkte für den Rohton (RT) und die beiden calcinierten Tone (CTS und CT) der vorliegenden Arbeit sind als rote Dreiecke in Abbildung 94 dargestellt. Die weiteren Werte in der Grafik stammen aus den Untersuchungen von LI et al. (Li et al. 2018). Anzumerken ist an dieser Stelle, dass sich die Zusammensetzung der „R^3-Emulsion" in den Untersuchungen von LI et al. von derjenigen der vorliegenden Arbeit geringfügig unterscheidet[13]. Dieser Umstand wird für die Diskussion dieser Arbeit als vernachlässigbar eingeschätzt. Die von LI et al. verwendeten Abkürzungen sind in Tabelle 23 erklärt. Das Material CC2 aus der Studie von LI et al. wurde an dieser Stelle nicht in die

---

13   100g „R^3-Emulsion" von LI et al. enthalten 33.22 g $Ca(OH)_2$, 59.80 g Wasser, 1.2 g K_2SO_4, 0.24 g KOH und 5.54 g $CaCO_3$ (Li et al. 2018).

Abbildung mit aufgenommen, da der Ausschnitt der Daten zur übersichtlicheren Darstellung verkleinert wurde. Die vollständige Darstellung ist Abbildung 102 im Anhang zu entnehmen.

Abbildung 94 zeigt zum einen, dass die über das in der vorliegenden Arbeit entwickelte Reaktionsmodell ermittelten und normierten Werte realistische Größenordnungen aufweisen. Zum anderen ist ersichtlich, dass ein Zusammenhang der beiden Messwerte vorliegt. Wenn ein höherer Wert für das CGW-R^3 gemessen wird, liegt tendenziell ein größerer Konsum an Calciumhydroxid vor. Einen linearen Zusammenhang zwischen den beiden Werten zu unterstellen wäre jedoch sehr stark vereinfacht. Der Gehalt an Calciumhydroxid, welcher in Hydratphasen gebunden ist, bezogen auf den Anteil an chemisch gebundenem Wasser ist sehr stark von den gebildeten Reaktionsprodukten und folglich von dem untersuchten Material abhängig.

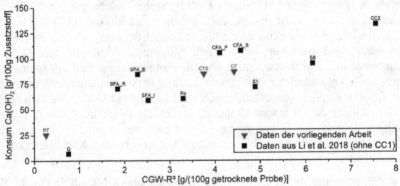

Abb. 94:   Zusammenhang des CGW-R^3 und dem Calciumhydroxidkonsum (TGA)

Tab. 23:   Übersicht über die Abkürzungen der Materialien in Li et al. 2018

Abkürzung	Material
CC1 und CC2	Calcinierte Tone
S1 und S8	Hüttensande
CFA-P und CFA-S	Kalkreiche Flugaschen
CFA-E, CFA-I und CFA-R	Kieselsäurereiche Flugaschen
Po	Natürliches Puzzolan
Q	Quarz

Beim Vergleich der Ergebnisse mit denen von LI et al. fällt auf, dass der untersuchte calcinierte Ton bezüglich seines Konsums an Calciumhydroxid und dem im R^3-Test ermittelten Gehalt an chemisch gebundenem Wasser im klinkerfreien System zwischen kieselsäurereicher und kalkreicher Flugasche sowie Hüttensand anzusiedeln ist. Die von LI et al. untersuchen kieselsäurereichen Flugaschen weisen einen geringeren bis ähnlich hohen Calciumhydroxidkonsum sowie weniger CGW-R^3, im Vergleich zu dem calcinierten Ton dieser Studie, auf. Verglichen mit den beiden Hüttensanden konsumiert der calcinierte Ton Calciumhydroxid in der gleichen Größenordnung, bindet jedoch weniger Wasser in den Hydratationsprodukten. Demgegenüber konsumieren die kalkreichen Flugaschen in den Untersuchungen mehr Calciumhydroxid bei einem vergleichbaren Gehalt an CGW-R^3. Diese Beobachtungen können dadurch erklärt werden, dass Hüttensand mehr aluminatreiche Reaktionsprodukte als Flugasche bildet und folglich das Verhältnis von Calciumhydroxid zu dem chemisch gebundenen Wasser kleiner ist.

Anhand dieses Vergleiches im klinkerfreien System wird deutlich, dass der untersuchte calcinierte Ton ein ähnliches Reaktionsverhalten aufweist wie Flugasche und Hüttensand und folglich das Potenzial besitzen kann, analog zu den beiden genannten Stoffen als Betonzusatzstoff eingesetzt zu werden. Die Ergebnisse würden einen k-Wert von 0.4 (Flugasche) bis 0.6 (Hüttensand) rechtfertigen (DIN EN 206 bzw. DIN 1045-2). Anzumerken ist jedoch, dass diese Schlussfolgerung auf Messdaten im klinkerfreien System basiert und weiterführende Versuche im Beton von essentieller Bedeutung diesbezüglich sind. THIENEL und BEUNTNER postulieren, basierend auf Untersuchungen an zusatzstoffmodifiziertem Beton mit dem gleichen calcinierten Ton, einen angemessenen k-Wert von 0.6 bis 1.0 (Thienel und Beuntner 2012, S. 504).

Tabelle 24 gibt für die Messdaten der vorliegenden Arbeit den Konsum von Calciumhydroxid durch den untersuchten Stoff bezogen auf das gebildete chemisch gebundene Wasser (TGA) jeweils als Mittelwert aus den drei gemessenen Proben an. Für alle untersuchten Materialien ist dieser Wert bei der Trocknung im Ofen größer. Dieser Umstand ist darauf zurückzuführen, dass der Gehalt an chemisch gebundenem Wasser bei dieser Nachbehandlungsmethode aufgrund der teilweisen Zerstörung von Hydratphasen bis 105 °C geringer ausfällt. Beim Rohton ist der Unterschied in den beiden Nachbehandlungsmethoden nicht so ausgeprägt, da in diesen Proben insgesamt weniger Hydratphasen vorliegen und folglich der Unterschied bis 105 °C nicht erheblich ist.

Besonders auffällig ist jedoch, dass das Verhältnis von gebundenem Calciumhydroxid zu dem chemisch gebundenen Wasser in den Proben, welche den Rohton enthalten, wesentlich größer ist als bei den beiden calcinierten Tonen. Diese Beobachtung ist auch in Abbildung 94 an dem relativ hohen Gehalt an konsumiertem Calciumhydroxid des Rohtons, verglichen mit dem CGW-R³, zu erkennen. Die Werte zeigen eindeutig, dass der Rohton und der calcinierte Ton unterschiedliche Reaktionsprodukte im alkalischen Milieu bilden und dass ein linearer Zusammenhang in Abbildung 94 nicht gerechtfertigt ist. Die deutlich geringeren Werte des beschriebenen Verhältnisses bei den Proben mit calciniertem Ton können auf die Bildung von aluminatreichen Reaktionsprodukten hinweisen, bei denen wesentlich mehr Wasser chemisch gebunden wird bezogen auf den Gehalt an Calciumhydroxid. Der Rohton scheint, basierend auf dieser Ausführung, mehr silikatreiche Hydratphasen zu bilden.

Tab. 24: Konsum Calciumhydroxid bezogen auf das chemisch gebundene Wasser (TGA)

Material	Acetonnachbehandlung [g/100g CGW]	Trocknung 105 °C [g/100g CGW]
RT	3.55	3.73
CTS	1.53	2.38
CT	1.49	2.82

Um diese Thematik genauer zu untersuchen, wurden röntgendiffraktometrische Messungen der R³-Proben mit dem Rohton (RT) sowie dem calcinierten Ton (CT) analysiert. Hierfür wurden der Zeitraum von sieben Tagen und die Nachbehandlung mit Aceton gewählt. Zweiteres wurde der Trocknung bei 105 °C vorgezogen, um den beschriebenen Einfluss der Zerstörung von Hydratphasen bis zu dieser Temperatur auszuschließen. Abbildung 95 zeigt die Messdaten im Bereich zwischen 5 ° und 35 ° sowie die charakteristischen Signale von Ettringit als Vertreter aluminatreicher Hydratphasen. Eindeutige Unterschiede der Messdaten beider Materialien liegen bei 9.1 °, 15.8 ° und 22.9 °, welche Ettringitkristallen zugeordnet werden können.

Das gesamte Spektrum beider Proben ist Abbildung 104 im Anhang zu entnehmen. Die Analysen zeigen eindeutig einen höheren Gehalt an Ettringit in der Probe, welche den calcinierten Ton enthält, im Vergleich zu derjenigen mit dem Rohton. Diese Beobachtung sowie die Ergebnisse der Peakanalyse mit den TGA-Ergebnissen unterstützt die obig beschriebene Theorie, dass die Reaktionsprodukte des calcinierten Tons aluminatreicher sind als diejenigen des Rohtons (vgl. Tab. 24).

Weiterhin zeigt die röntgendiffraktometrische Analyse in Abbildung 95 analog zu den TGA-Ergebnissen, dass in den Proben mit calciniertem Ton wesentlich mehr Calciumhydroxid verbraucht wurde. Der Peak bei 11.8 ° in der Probe mit calciniertem Ton ist analog zu den obigen Ausführungen Gipskristallen zuzuordnen und der Peak bei 12.4 ° weist auf Kaolinit im Rohton hin.

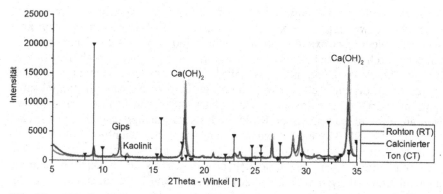

Abb. 95: XRD der R³-Proben mit RT und CT nach sieben Tagen (Acetonnachbehandlung) sowie die charakteristischen Signale von Ettringit

6.3 Untersuchung des Reaktionsverhaltens im zementgebundenen System

Da der calcinierte Ton als potenzieller Betonzusatzstoff in Frage kommt und folglich die Interaktion des Materials mit Zement von besonderem baupraktischem Interesse ist, wurde das Reaktionsverhalten der verwendeten Stoffe zusätzlich im zementgebundenen System untersucht. Hierfür wurden Zementleimproben mit dem Rohton sowie dem gemahlenen calcinierten Ton hergestellt und thermogravimetrische Analysen im Zeitverlauf durchgeführt. Außerdem wurde die Druck- und Zugfestigkeit der Zementleimproben nach 28 Tagen bestimmt. Um die Interaktion der Schichten des ungemahlenen calcinierten Tons mit Zementleim zu begutachten wurde der „Tunkversuch" durchgeführt und das Ergebnis mittels Aufnahmen am Rasterelektronenmikroskop beurteilt.

Die Ergebnisse der thermogravimetrischen Analysen der Materialien im zementgebundenen System zeigen für den calcinierten Ton ab dem siebten Tag eindeutig den Konsum von Calciumhydroxid, der sich mit steigender Austauschrate (10 M.-% bis 30 M.-%) erhöht (Abb. 78). Diese Beobachtung unterstützt die Behauptung, dass der Ton durch die Calcinierung puzzolanische Eigenschaften erlangt. Nach den Ergebnissen der Löslichkeitsuntersuchungen, welche für alle Materialien bis zum 28. Tag nur sehr geringe Mengen an gelösten Silicium- und Aluminiumionen nachweisen, waren diese deutlichen Ergebnisse des Konsums an Calciumhydroxid nicht zu erwarten.

Schon ab dem ersten Tag konnte in den Proben mit dem calcinierten Ton ein geringerer Gehalt an Calciumhydroxid gemessen werden als der, der durch den

Anteil des enthaltenen Zementes ohne einen Zusatzstoff vorliegen würde. Diese Beobachtung widerspricht den Ergebnissen von BEUNTNER, welche den Konsum von Calciumhydroxid erst ab dem siebten Tag zeigen. Der Calciumhydroxidkonsum durch den calcinierten Ton ist in ihren Untersuchungen ab dem siebten bis zum 28. bzw. 90. Tag, in Abhängigkeit des verwendeten Zementes, deutlich zu erkennen. Bis zum 180. Tag weisen ihre Proben keinen weiteren signifikanten Konsum von Calciumhydroxid auf. Aus den Ergebnissen kann geschlussfolgert werden, dass die puzzolanische Reaktion des untersuchten calcinierten Tons bis zum 28. bzw. 90. Tag annähernd abgeschlossen ist. (Beuntner 2017, S. 134) Auch die Untersuchungen von DANNER zeigen insbesondere bis zum 28. Tag eine deutliche Zunahme des Calciumhydroxidkonsums im klinkerfreien und zementgebundenen System (Danner 2013, S. 151). Die Untersuchungen von BEUNTNER, auch im Vergleich mit den Ergebnissen der vorliegenden Arbeit, zeigen, dass der gemessene Konsum von Calciumhydroxid durch den calcinierten Ton erheblich von dem verwendeten Zement abhängt.

Die Kenntnis, dass der Gehalt an Calciumhydroxid in Zementleimproben auch durch die Zugabe von calciniertem Ton nach dem 28. Tag nicht mehr erheblich sinkt, rechtfertigt die Verwendung der Messdaten am 28. Tag zur nachfolgenden Beurteilung, ob ausreichend Calciumhydroxid als Korrosionsschutz in der Probe verbleibt. Alle Proben der vorliegenden Arbeit weisen bis zum 28. Tag Werte von über 2.6 g Calciumhydroxid pro 100 g Bindemittel auf, was als Mindestgehalt für den Korrosionsschutz notwendig ist (Beuntner 2017, S. 138[14]). Die geringsten Gehalte an Calciumhydroxid wurden in dieser Arbeit für den calcinierten Ton mit einer Austauschrate von 30 M.-% gemessen. Diese betrugen nach einem Tag 8.0 g pro 100 g Bindemittel und nach 28 Tagen 8.2 g pro 100 g Bindemittel. Die geringen Gehalte dieser Proben verglichen mit den Proben mit kleineren Austauschraten resultieren zum einen daraus, dass prozentual weniger Zement in der Mischung vorliegt, der hauptsächlich für die Produktion von Calciumhydroxid verantwortlich ist, und zum anderen aus der puzzolanischen Aktivität des Materials, die für eine weitere Verringerung des Gehaltes sorgt. Die Ergebnisse zeigen jedoch, dass auch bei einer Austauschrate von 30 M.-% mit dem untersuchten calcinierten Ton nach 28 Tagen ausreichend Calciumhydroxid für den Korrosionsschutz vorhanden ist. Unter diesem Aspekt wäre die Verwendung des calcinierten Tons als Betonzusatzstoff selbst mit hohen Austauschraten (30 M.-%) möglich.

Bei der puzzolanischen Reaktion von calciniertem Ton konnte neben einer Reduktion des Calciumhydroxidgehaltes in verschiedenen Studien nachgewiesen werden, dass der Gehalt an CSH- und CAH-Phasen in zementgebundenen Systemen steigt. In den Untersuchungen von TIRONI wurde dieser Gehalt thermogra-

---

14 Sekundärquelle.

vimetrisch bestimmt über den Massenverlust der Proben von 110 °C bis 440 °C (Tironi et al. 2014). Auch die Ergebnisse der vorliegenden Arbeit zeigen nach 28 Tagen bezogen auf den in der jeweiligen Mischung vorhandenen Zementgehalt bei der Verwendung von Rohton annähernd unveränderte Gehalte an chemisch gebundenem Wasser, wohingegen mit steigender Austauschrate an calciniertem Ton höhere Gehalte gemessen wurden. Anzumerken ist an dieser Stelle, dass lediglich eine Erhöhung des chemisch gebundenen Wassers in den Proben mit calciniertem Ton bezogen auf den Zementgehalt stattfindet. Durch den Austausch von Zement durch dieses Material ist bis zum 28. Tag im Gesamtsystem weniger Wasser chemisch gebunden verglichen mit der Referenzprobe. Diese Beobachtung ist widersprüchlich zu den Ergebnissen von BEUNTNER, die einen höheren Gehalt an chemisch gebundenem Wasser nach 28 Tagen durch die Zugabe von calciniertem Ton in Zementleim, verglichen mit der Referenzprobe, nachweisen.

BEUNTNER konnte zudem zeigen, dass die Bindung von Calciumhydroxid in Zementleimproben mit calciniertem Ton nicht ausschließlich in der Bildung von CSH-, sondern insbesondere in AFm- und AFt-Phasen resultiert (Beuntner 2017, S. 150-151). Auch FERNANDEZ konnte eine vermehrte Bildung von aluminiumreichen Hydratphasen durch calcinierte Tone nachweisen (Fernandez et al. 2011, S. 121).

Die verstärkte Bildung von aluminatischen Reaktionsprodukten konnte auch in der vorliegenden Arbeit für die Proben mit calciniertem Ton beobachtet werden. Hierfür wurden verschiedene Prozesse, welche in thermogravimetrischen Analysen im Temperaturbereich zwischen 40 °C und etwa 300 °C parallel ablaufen, mithilfe von sich überlagernden Gaußkurven angenähert. Der Anteil des Prozesses, welcher aluminiumreichen Reaktionsprodukten (CAH-, CASH- und AFm-Phase) zugeordnet wurde, weist, insbesondere am 28. Tag, bezogen auf den jeweiligen Zementgehalt, mit steigenden Austauschraten an calciniertem Ton zunehmend höhere Werte auf (Abb. 85). Bezogen auf das gesamte, jeweils in der Mischung vorhandene, Bindemittel (Zement und calcinierter Ton) zeigen die Ergebnisse der vorliegenden Arbeit durch die Zugabe von calciniertem Ton eine geringere Wasserbindung in CSH-Phasen und eine erhöhte Bindung in aluminatischen Phasen (Abb. 82 und 84). Diese Beobachtung bestätigt die vermehrte Bildung aluminatreicher Reaktionsprodukte durch die Zugabe von calciniertem Ton anderer Studien und rechtfertigt zudem das Vorgehen zur Separierung der Reaktionsprozesse in der vorliegenden Arbeit. Die Ergebnisse von BEUNTNER zeigen, dass durch den calcinierten Ton schon in der frühen Hydratation die Bildung aluminatischer Hydratationsprodukte begünstigt wird (Beuntner 2017, S. 150). Diese Erkenntnis könnte sich in den höheren Gehalten an chemisch gebundenem Wasser in den als CSH- und AFt-Phasen identifizierten Reaktionsprodukten bezogen auf den Zementgehalt in der vorliegenden Arbeit nach dem ersten Tag widerspiegeln. Da die Werte für die Mischungen mit dem Rohton jedoch in der selben Größenordnung liegen, könnten die Ergebnisse auch auf physikalische Effekte der Zusatzstoffe, wie beispielsweise den Füllereffekt, zurückzuführen sein.

Da aluminatreichere Hydratphasen, verglichen mit CSH-Phasen, mit einer größeren Wasserbindung gebildet werden, ist laut Angaben in der Literatur in Mischungen mit calciniertem Ton tendenziell ein erhöhter Gehalt an chemisch gebundenem Wasser zu verzeichnen. Diesen Aspekt greift auch DANNER auf, dessen Untersuchungen zeigen, dass mit der Zugabe von calciniertem Ton mehr Reaktionsprodukte gebildet werden, insbesondere solche, die viel Wasser binden (Danner 2013, S. 148). Die Erhöhung des Volumens der Hydratphasen durch die vermehrte Bildung aluminatreicher Reaktionsprodukte führt zudem zu einem höheren Anteil an Gelporen. Demgegenüber bewirkt jedoch die hohe Wasserbindung in solchen Phasen einen geringeren Anteil an Kapillarporen im zementgebundenen System (Beuntner 2017, S. 136).

Neben den thermogravimetrischen Analysen wurde die Festigkeit der Zementleimproben untersucht, da diese in der Literatur häufig als Referenzwert für die Evaluierung von Verfahren zur Beurteilung des Reaktionsverhaltens von Zusatzstoffen verwendet wird. Die Proben, welche den calcinierten Ton enthalten, zeigten bei einer Austauschrate von 10 M.-% und 20 M.-% höhere Druckfestigkeiten als die Referenzmischung ohne Zusatzstoff (Abb. 68). Bei einem Austausch von 30 M.-% Zement durch den calcinierten Ton wies die Druckfestigkeit nur einen geringfügig geringeren Wert als die Referenzprobe auf. Bezogen auf den Zementanteil nimmt die Druckfestigkeit folglich mit steigender Austauschrate zu (Abb. 69). Diese Beobachtung spiegelt die Ergebnisse verschiedener Untersuchungen aus der gesichteten Literatur, teilweise gemessen an Mörtelproben, wider.

Die Ergebnisse von DANNER beispielsweise zeigen, dass die Zugabe von calciniertem Ton bis 35 M.-% bzw. 50 M.-%, in Abhängigkeit des untersuchten Tons, eine höhere Druckfestigkeit nach 28 Tagen an Mörtelproben bewirkt, verglichen mit einer Referenz ohne Zusatzstoff (Danner 2013, S. 193-195). Die durch den calcinierten Ton gesteigerte Druckfestigkeit kann neben der puzzolanischen Aktivität auf weitere Faktoren zurückgeführt werden, sodass sie nicht direkt Aussagen auf das Reaktionsverhalten des untersuchten Materials zulässt. Beispielsweise können physikalische Effekte, die Mischungszusammensetzung, die Art des verwendeten Zementes sowie der Luftgehalt, die Porosität und Partikelgrößenverteilung Auswirkungen auf die Festigkeitsentwicklung von zementgebundenen Systemen haben (He et al. 1995, S. 1691). Nach obiger Erläuterung wird durch die Zugabe von calciniertem Ton der mittlere Porenradius verringert, sodass ein dichteres Gefüge entsteht (Beuntner 2017, S. 113). Auch dieser Aspekt kann die Erhöhung der Druckfestigkeit mit steigenden Gehalten an calciniertem Ton erklären.

Bei der Betrachtung der Ergebnisse für die Druckfestigkeit des Rohtons fällt auf, dass die Werte bezogen auf den Zementgehalt in den Mischungen mit steigendem Anteil an Rohton sinken (Abb. 69). Der Rohton scheint die Festigkeitsentwicklung des Zementleims zu behindern. Die Untersuchungen von HE et al. umfassten die Bestimmung von Mörteldruckfestigkeiten verschiedener Rohtone und calcinierter Tone. Die in dieser Studie ermittelten Druckfestigkeiten der Mischungen, welche Rohton beinhalteten, zeigten geringere Werte verglichen mit Proben, welche die selbe Austauschrate an inertem Material aufwiesen. Diese Beobachtung erklärten HE et al. durch die geringe Festigkeit des Rohtons, welche stark von den Bindungskräften zwischen den Tonpartikeln abhängig ist. Bei einer Austauschrate von 30 M.-% Rohton stellten sich Werte für die Druckfestigkeit in der Größenordnung von 20 bis 56 Prozent der Referenzmischung ein. (He et al. 1995) In der vorliegenden Arbeit betrug die Druckfestigkeit der Zementleimprobe mit 30 M.-% Rohton knapp 60 Prozent der Referenzprobe ohne Zusatzstoff (Abb. 67).

Die geringe Festigkeit der Proben mit Rohton ist besonders interessant vor dem Hintergrund der Werte für das chemisch gebundene Wasser zu betrachten. Die Ergebnisse dieser Arbeit zeigen, dass die Zementleimproben mit Rohton nach 28 Tagen bezogen auf den Zementanteil für alle Austauschraten gleich viel oder etwas mehr chemisch gebundenes Wasser enthalten als die Referenzmischung. Die Druckfestigkeit, ebenfalls bezogen auf den Zementgehalt, sinkt jedoch mit steigender Austauschrate an Rohton. Der erhöhte Anteil an chemisch gebundenem Wasser kann durch Verdünnungs- und Keimbildungseffekte erklärt werden. Die geringere Festigkeit hingegen ist vermutlich dadurch zu begründen, dass der in den Mischungen enthaltene Rohton mit einer sehr geringen Festigkeit Schwachstellen in der Zementsteinmatrix bildet und dass folglich trotz einer ähnlichen Wasserbindung in Hydratphasen geringere Festigkeiten erreicht werden.

Die Festigkeit von zementgebundenen Probekörpern dient in der Literatur häufig als Referenzwert für die Evaluierung von Messverfahren, die Informationen über das Reaktionsverhalten liefern sollen. Um dieses Vorgehen zu rechtfertigen, müssten ermittelte Werte aus diesen Untersuchungsverfahren mit denen der Festigkeit korrelieren. Zu dieser Thematik existieren zahlreiche Veröffentlichungen. DANNER beispielsweise zeigt in seiner Dissertationsschrift eine direkte Korrelation des im klinkerfreien System gemessenen Konsums an Calciumhydroxid und der Druckfestigkeit nach 28 Tagen von Mörtelproben mit einer Austauschrate von 20 M.-% calciniertem Ton. Mit steigendem Konsum an Calciumhydroxid weist die relative Druckfestigkeit bezogen auf einen Referenzmörtel höhere Werte auf. Der Zusammenhang ist jedoch nicht linear, sondern zeigt eine Art Sättigungskurve. Aus seinen Daten lässt sich vermuten, dass ab einem Konsum von 0.7 g Calciumhydroxid pro Gramm calciniertem Ton keine weitere Festigkeitssteigerung (über 115 Prozent des Referenzmörtels) zu erwarten ist. (Danner 2013, S. 120)

Die gleiche Korrelation wurde mit den Daten der vorliegenden Arbeit untersucht und ist in Abbildung 96 dargestellt. Die Messergebnisse zeigen eindeutig den Trend, dass ein steigender Konsum an Calciumhydroxid im klinkerfreien System durch den untersuchten Zusatzstoff eine Zunahme der Druckfestigkeit im zementgebundenen System bewirkt. Die absoluten Werte aus Abbildung 96 sind nicht mit denen von DANNER vergleichbar, da zum einen die klinkerfreien Systeme andere Zusammensetzungen aufweisen und zum anderen die Festigkeit in der vorliegenden Arbeit an Leimproben anstelle von Mörtelproben gemessen wurde. In welcher Art der Zusammenhang der beiden dargestellten Messgrößen vorliegt, kann aufgrund der mangelnden Anzahl an Datenpunkten nicht gezeigt werden.

Neben dem Zusammenhang des Konsums an Calciumhydroxid mit der Druckfestigkeit, wurde außerdem überprüft, ob eine Korrelation des chemisch gebundenen Wassers in Zementleimproben mit der Festigkeit nach 28 Tagen vorliegt. BEUNTNER wies für diese Kenngrößen einen linearen Zusammenhang nach. Ihre Untersuchungen zeigten, dass die Zugabe von calcinierten Tonen in zementgebundene Systeme die vermehrte Bildung von Reaktionsprodukten, insbesondere aluminatreicher Phasen, bewirkt. Obwohl diese Reaktionsprodukte, verglichen mit CSH-Phasen, eine geringere Festigkeit aufweisen, kann durch deren gefügeverdichtende Wirkung eine Festigkeitssteigerung im Gesamtsystem verzeichnet werden. (Beuntner 2017, S. 138)

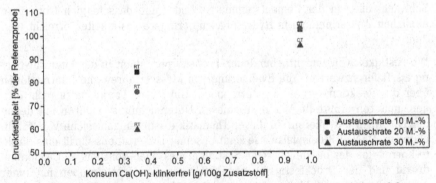

Abb. 96:   Zusammenhang der Druckfestigkeit nach 28 Tagen am Zementleim und dem Calciumhydroxidkonsum nach 7 Tagen (TGA mit R³-Proben)

Der Zusammenhang des chemisch gebundenen Wassers mit verschiedenen Austauschraten des Rohtons bzw. des calcinierten Tons und der Druckfestigkeit jeweils an Zementleimproben nach 28 Tagen ist Abbildung 97 zu entnehmen. Analog zu den Ergebnissen von BEUNTNER ist auch in den Daten der vorliegenden Arbeit tendenziell mit steigendem Gehalt an CGW eine höhere Druckfestigkeit verbunden. Für die Proben, welche den Rohton enthalten, ist der Zusammenhang annähernd linear. Bei der Betrachtung der Probekörper mit calciniertem Ton fällt jedoch auf, dass das CGW mit steigender Austauschrate abnimmt, die Druckfestigkeit, insbesondere bei den Austauschraten von 10 M.-% und 20 M.-%, jedoch ähnliche Werte aufweist. Die Druckfestigkeiten der Proben mit den beiden genannten Austauschraten sind zudem größer als die Druckfestigkeit der Referenzmischung, welche den höchsten Gehalt an chemisch gebundenem Wasser, bezogen auf den Bindemittelanteil, aufweist.

Der geringere Gehalt an chemisch gebundenem Wasser bei gleich hohen bzw. höheren Druckfestigkeiten für die angesprochenen Austauschraten an calciniertem Ton können etwaig auf physikalische Effekte im zementgebundenen System zurückgeführt werden. Beispielsweise wäre eine Reduktion des effektiven w/z-Wertes durch die Zugabe von calciniertem Ton aufgrund des Wasseranspruches denkbar.

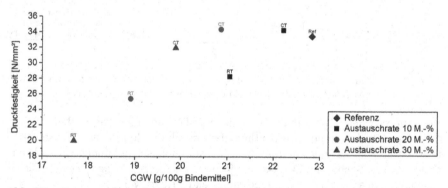

Abb. 97: Zusammenhang der Druckfestigkeit nach 28 Tagen und dem chemisch gebundenen Wassers im Zementleim (TGA)

Nach Abbildung 97 scheint der positive Effekt des calcinierten Tons auf die Druckfestigkeit vorwiegend aus physikalischen Effekten zu resultieren. Ein linearer Zusammenhang kann folglich mit den vorliegenden Messdaten nicht bestätigt werden.

Da sich die Beurteilung des chemischen Einflusses von Zusatzstoffen auf zementgebundene Systeme aus oben genannten Gründen über die Festigkeit sehr schwierig gestaltet, wird an dieser Stelle eine Gegenüberstellung des Konsums an Calciumhydroxid und dem chemisch gebundenen Wasser, welches durch den Zusatzstoff verursacht wird, vorgenommen. Dabei wird der Konsum von Calciumhydroxid als Differenz des durch den Zementanteil gebildeten Gehaltes an Calciumhydroxid und dem in der Probe vorhandenen Gehalt gemessen. Diesem Vorgehen liegt die vereinfachende Annahme zugrunde, dass die Hydratation des Zementes nicht von der Zugabe eines Zusatzstoffes beeinflusst wird. Die y-Achse des in Abbildung 98 dargestellten Diagramms zeigt die Differenz des chemisch gebundenen Wassers, berechnet aus dem in der Probe enthaltenen CGW abzüglich des Gehaltes, der über die Referenzprobe anteilig für den Zementgehalt in der Probe bestimmt wurde. Diese Differenz wird vereinfacht dem Zusatzstoff zugeordnet, da es sich dabei um CGW handelt, welches bezogen auf den Zementgehalt in der Probe „zusätzlich" vorhanden ist.

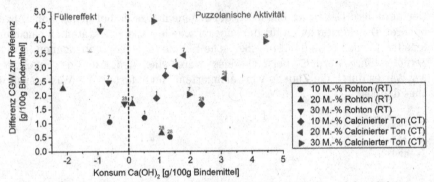

Abb. 98: Zusammenhang der Differenz des CGW zur Referenzprobe und dem Calciumhydroxidkonsum im Zementleim (TGA) – Prüfzeitpunkte als Beschriftung

Die Differenz des CGW zur Referenz ist bei allen untersuchten Proben positiv. Aus dieser Beobachtung wird deutlich, dass durch die Zugabe eines Zusatzstoffes (Rohton oder calcinierter Ton) mehr Wasser chemisch gebunden wird, als anteilig auf den Zement entfällt. Diese Erkenntnis kann zum einen durch physikalische und zum anderen durch chemische Effekte erklärt werden.

Abbildung 98 zeigt deutlich, dass die Mischungen mit dem Rohton tendenziell einen negativen Konsum an Calciumhydroxid aufweisen. Das bedeutet in diesem Fall, dass mehr Calciumhydroxid gebildet wird, als durch den gleichen Zementanteil in der Referenzprobe beobachtet wurde. Folglich wird durch die Zugabe von Rohton mehr Calciumhydroxid und chemisch gebundenes Wasser gebildet. Diese Beobachtung kann durch physikalische Effekte, wie beispielsweise den Füllereffekt, erklärt werden. Dabei findet durch die Zugabe eines Zusatzstoffes zum einen ein Verdünnungseffekt statt, sodass dem Zement prozentual mehr Wasser für die Reaktion zur Verfügung steht, und zum anderen dient der Zusatzstoff den Hydratationsprodukten als Reaktionskeime. Infolgedessen werden mehr Reaktionsprodukte gebildet, welche in Form von chemisch gebundenem Wasser und dem Gehalt an Calciumhydroxid nachgewiesen werden können.

Anders verhält es sich bei der Zugabe von calciniertem Ton in das zementgebundene System. Wie Abbildung 98 zeigt, weisen alle Proben mit calciniertem Ton positive Werte für den Konsum von Calciumhydroxid auf. Durch diese Beobachtung kann die puzzolanische Aktivität des calcinierten Tons bestätigt werden. Dabei reagieren Bestandteile des Zusatzstoffes mit dem vom Zement gebildeten Calciumhydroxid zu eigenen Reaktionsprodukten. Infolgedessen ist ein Konsum von Calciumhydroxid und ein erhöhter Gehalt an chemisch gebundenem Wasser zu verzeichnen.

Beim Vergleich der Datenpunkte nach 28 Tagen wird der Unterschied zwischen dem Einfluss des Rohtons und des calcinierten Tons auf das zementgebundene System besonders deutlich. Während durch die Zugabe von 10 M.-% und 20 M.-% Rohton kaum mehr Wasser chemisch gebunden wird als anteilig durch den Zement in der Referenzmischung, ist der Füllereffekt bei einer Austauschrate von 30 M.-% sehr deutlich zu erkennen. Das „zusätzliche" chemisch gebundene Wasser in den Proben mit dem calcinierten Ton liegt deutlich über den Werten der Proben mit dem Rohton und steigt mit zunehmender Austauschrate. Gleichzeitig steigt auch der Konsum an Calciumhydroxid, was eindeutig auf eine puzzolanische Aktivität durch den calcinierten Ton hinweist.

Auch mit den Untersuchungsmethoden am zementgebundenen System der vorliegenden Arbeit wurden Vergleiche mit den Ergebnissen aus dem R^3-Test durchgeführt. Häufig dient die Druckfestigkeit als Referenzwert für die Evaluierung von Verfahren zur Beurteilung des Reaktionsverhaltens von Zusatzstoffen. Wie zuvor beschrieben ist dieser Ansatzpunkt sehr fraglich, da die Festigkeit zementgebundener Proben von zahlreichen weiteren Faktoren als alleinig vom Reaktionsverhalten eines Zusatzstoffes abhängt. Die Darstellung der Daten aus den Versuchen der vorliegenden Arbeit in Abbildung 99 soll das Vorhandensein eines Zusammenhangs der betrachteten Messwerte untersuchen. Gezeigt sind die Ergebnisse der Druckfestigkeit an Zementleimproben mit den Austauschraten von 10 M.-%, 20 M.-% und 30 M.-% nach 28 Tagen in Verbindung mit dem CGW-R^3 des gleichen Zusatzstoffes nach dem von LI et al. vorgeschlagenen Prüfungszeitpunkt von sieben Tagen (Li et al. 2018). Die Ergebnisse zeigen, dass die Druckfestigkeit erheblich von der gewählten Austauschrate in zementgebundenen Systemen abhängt. Bei Austauschraten von 20 M.-% und 30 M.-% ist die Tendenz zu erkennen, dass Materialien mit einem höheren Wert an CGW-R^3 größere Druckfestigkeiten im Zementstein erreichen. Bei einer Austauschrate von 10 M.-% wird der Effekt des Zusatzstoffes durch die Zementhydratation überlagert und die Festigkeit kann nicht ausreichend dem Zusatzstoff zugeordnet werden. Auf-

grund einer zu geringen Anzahl an Messdaten kann jedoch keine Aussage darüber getroffen werden, ob die Festigkeit bei einer fixen Austauschrate einem linearen Zusammenhang zu dem CGW-R³ folgt.

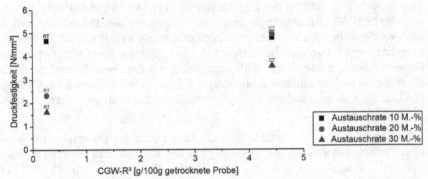

Abb. 99:   Zusammenhang des CGW-R³ nach sieben Tagen und der Druckfestigkeit an Zementleimproben nach 28 Tagen

Analog zu den Untersuchungen im klinkerfreien System soll anschließend überprüft werden, ob der Konsum von Calciumhydroxid im zementgebundenen System einen Zusammenhang zu den Ergebnissen des R³-Tests aufweist. Da der
R³-Test von LI et al. nach sieben Tagen vorgeschlagen wird, werden an dieser
Stelle die Werte des Calciumhydroxidkonsums der Zementleimproben zum selben Prüfzeitpunkt verwendet. Der Konsum von Calciumhydroxid wurde mithilfe
von thermogravimetrischen Analysen gemessen als Differenz des Calciumhydroxids, welches, bezogen auf den Zementanteil der Mischung, in der Referenzprobe (ohne Zusatzstoff) vorliegen würde, und dem in der Probe vorhandenen Gehalt an Calciumhydroxid. Der Konsum von Calciumhydroxid wird angegeben in
Gramm pro 100 g Zusatzstoff, da ein Vergleich mit Werten aus dem klinkerfreien
System erfolgt. Ein negativer Konsum weist darauf hin, dass mehr Calciumhydroxid in der Probe vorliegt, als in der Referenzprobe anteilig bestimmt wurde.

Abbildung 100 zeigt, dass der Calciumhydroxidkonsum pro 100 g Zusatzstoff
steigt, je geringer die Austauschrate ist. Dieses Ergebnis erscheint realistisch,
da bei einer geringeren Austauschrate prozentual mehr Calciumhydroxid für den
Zusatzstoff zur Verfügung steht, der in einer puzzolanischen Reaktion verbraucht wird. Beim Vergleich der absoluten Werte des Calciumhydroxidkonsums
im klinkerfreien und zementgebundenen System (Abb. 94 und 100) fällt auf, dass
wesentlich weniger Calciumhydroxid im zementgebundenen System verbraucht
wird. Aus den Ergebnissen wird die Abhängigkeit der puzzolanischen Reaktion
von der Verfügbarkeit des Calciumhydroxids deutlich. Im zementgebundenen
System kann der Zusatzstoff nur so viel Calciumhydroxid verbrauchen wie der
Zement bei der Hydratation zuvor gebildet hat. Demgegenüber steht dem Zu-

satzstoff im klinkerfreien System des R^3-Tests direkt ein großer Gehalt an Calciumhydroxid für Reaktionen zur Verfügung. Außerdem wird die puzzolanische Reaktion im klinkerfreien System nicht durch Reaktionsprodukte des Zementes behindert.

Die Darstellung in Abbildung 100 zeigt, dass ein Zusammenhang zwischen dem Calciumhydroxidkonsum in Zementleimproben und dem CGW-R^3 besteht. Bei höheren Werten des CGW-R^3 ist tendenziell ein größerer Konsum an Calciumhydroxid im zementgebundenen System zu erkennen. Dieser Zusammenhang ist sogar bei der kleinsten Austauschrate von 10 M.-% zu erkennen, was zeigt, dass der Calciumhydroxidkonsum im Vergleich zur Druckfestigkeit sensibler auf die Zugabe eines Zusatzstoffes reagiert. Der absolute Gehalt des Konsums ist dabei stark von der Austauschrate abhängig. Ob der Zusammenhang linear verläuft lässt sich aufgrund der zu geringen Anzahl an Messwerten in der vorliegenden Arbeit nicht zeigen. Das Verhältnis der beiden Größen ist jedoch in erheblichem Maße von der Art der gebildeten Reaktionsprodukte abhängig und folglich sehr materialspezifisch.

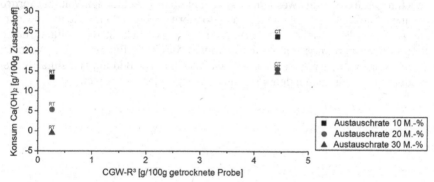

Abb. 100: Zusammenhang des CGW-R^3 und dem Calciumhydroxidkonsum von Zementleimproben nach sieben Tagen

Neben der direkten Zugabe von gemahlenem calcinierten Ton in Zementleim wurde zusätzlich mithilfe des „Tunkversuchs" die Übergangszone eines calcinierten Tonstückes zum Zementleim näher untersucht. Während keine erheblichen Unterschiede zwischen der Interaktion mit Zementleim der beiden Schichten zu erkennen waren, wurden in der Kontaktzone vermehrt Sulfatanreicherungen detektiert. Einige Studien zeigen, dass durch die Zugabe von calciniertem Ton in zementgebundene Systeme gebildetes Ettringit aus der Zementhydratation länger stabil bleibt (Danner 2013, S. 147-148). Auch BEUNTNER konnte in Mischungen mit calciniertem Ton eine verstärkte Ettringitbildung auf den Oberflächen des calcinierten Tons sowie in der Porenlösung nachweisen. Sie erklärt die größere Stabilität von Ettringit in solchen Systemen unter anderem mit der niedrigeren Konzentration an Hydroxidionen in der Porenlösung bedingt durch die puzzolanische Reaktion (Beuntner 2017, S. 150). Aus weiteren Elementanalysen geht hervor, dass in der Kontaktzone insbesondere Reaktionsprodukte von Seiten des Zementleims vorliegen und die Schnittkante des calcinierten Tonstückes nach 28 Tagen noch eindeutig als solche zu erkennen ist. Die Ergebnisse lassen vermuten, dass die Reaktionen in der Übergangszone hauptsächlich vom Zement ausgehen. Die ausbleibende Teilnahme des calcinierten Tonstückes an den Reaktionen kann möglicherweise dadurch erklärt werden, dass dieses im Versuch als Stück und nicht gemahlen vorlag und somit das Herauslösen von Reaktionspartnern erschwert wurde. Zudem könnte der Zeitraum von 28 Tagen nicht gereicht haben, Bestandteile aus dem Tonstück herauszulösen.

Nicht abschließend zu klären ist, ob die Sulfatanreicherung in der Übergangszone auf Wechselwirkungen mit dem calcinierten Ton zurückzuführen ist oder ob sich eine ähnliche Situation auch bei einem anderen Fremdkörper im Zementleim eingestellt hätte. Die vermehrte Bildung von Ettringit in der Übergangszone kann dadurch erklärt werden, dass sie mit einer beachtlichen Volumenvergrößerung einhergeht und demnach insbesondere in Bereichen auftritt, in denen ausreichend Platzangebot zur Verfügung steht. Folglich ist die Sulfatanreicherung in der Übergangszone vermutlich nicht durch die Eigenschaften des calcinierten Tons zu begründen, sondern resultiert aus der Bildung von sulfatreichen Produkten bei ausreichendem Platz aus Bestandteilen des Zementes.

7 Zusammenfassung und Ausblick

In der vorliegenden Arbeit wurde ein industriell im Drehrohrofen hergestellter calcinierter Ton zunächst auf Unterschiede in optisch zu erkennenden Schichten untersucht. Anschließend erfolgte die Untersuchung des Reaktionsverhaltens des Rohtons sowie des ungemahlenen und gemahlenen calcinierten Tons zum einen im klinkerfreien und zum anderen im zementgebundenen System. Die bedeutendsten Ergebnisse dieser Arbeit sind nachfolgend zusammengefasst.

- Der industriell im Drehrohrofen hergestellte calcinierte Ton weist in der äußeren Schicht einen größeren Calcinierungsgrad, verglichen mit dem inneren Kern, aufgrund von Temperaturgradienten in dem Material bei der Calcinierung auf. Die rötlich-braune Färbung der äußeren Schicht ist auf die Oxidation von Eisen während der Calcinierung zurückzuführen.
- Die äußere Schicht der calcinierten Tonstücke enthält Gipskristalle, welche nach der Calcinierung vermutlich durch die Exposition des Materials mit Luftfeuchtigkeit aus Calciumsulfat gebildet wurden.
- Mithilfe des in der vorliegenden Arbeit entwickelten Reaktionsmodells ist die Auswertung und Normierung von Ergebnissen aus thermogravimetrischen Analysen von Proben möglich, welche einen zu untersuchenden Zusatzstoff, Calciumhydroxid und Wasser enthalten.
- Durch die Verwendung des Rohtons konnten physikalische Effekte, wie beispielsweise der Füllereffekt, nachgewiesen werden, die erklären, weshalb in diesen Mischungen mehr Wasser chemisch gebunden wird als alleinig durch den Zement bedingt ist. Diese Effekte gleichen jedoch nicht die Zementreduktion durch die Austauschraten aus, sodass die Druckfestigkeiten, zusätzlich bedingt durch die niedrige Festigkeit des Rohtons, geringer ausfallen als in der Referenzprobe. Der Rohton ist folglich nicht zementersetzend zu verwenden.
- Der Rohton erlangt durch die Calcinierung bei etwa 750 °C puzzolanische Eigenschaften, welche insbesondere durch den Konsum von Calciumhydroxid im klinkerfreien und zementgebundenen System nachgewiesen wurden.
- Der positive Effekt auf die Druckfestigkeit durch den Einbezug von calciniertem Ton ist neben der puzzolanischen Aktivität insbesondere auf physikalische Effekte zurückzuführen. Die Ergebnisse der vorliegenden Arbeit zeigen trotz höherer Druckfestigkeit in den Proben mit calciniertem Ton weniger chemisch gebundenes Wasser verglichen mit der Referenz ohne Zusatzstoff.

© Springer Fachmedien Wiesbaden GmbH, ein Teil von Springer Nature 2020
K. Weise, *Über das Potenzial von calciniertem Ton in zementgebundenen Systemen*, Werkstoffe im Bauwesen | Construction and Building Materials, https://doi.org/10.1007/978-3-658-28791-7_7

– Das Reaktionsverhalten des untersuchten calcinierten Tons wird, basierend
  auf dem Konsum von Calciumhydroxid und dem chemisch gebundenen Wasser im klinkerfreien System, zwischen dem von Flugasche und Hüttensand
  eingeschätzt, was k-Werte von 0.4 bis 0.6 rechtfertigen würde.
– Eine puzzolanische Aktivität des calcinierten Tons konnte nur im gemahlenen
  Zustand festgestellt werden. Bei der Exposition eines calcinierten Tonstücks
  in Zementleim wurden bis zum 28. Tag keine Reaktionsprodukte aus dem calcinierten Ton nachgewiesen. Die bevorzugte Bildung von schwefelhaltigen
  Reaktionsprodukten in der Übergangszone von dem calcinierten Tonstück
  zum Zementleim ist voraussichtlich alleinig durch das Platzangebot in dem
  Bereich begründet und resultiert aus Bestandteilen des Zementleims.
– Durch die Trocknung von hydratisierten Proben bei 105 °C können Teile der
  gebildeten Hydratphasen zerstört werden. Diese Beobachtung stellt einen
  Schwachpunkt der Bestimmung des chemisch gebundenen Wassers mithilfe
  des R^3-Tests zur Beurteilung des Reaktionsverhaltens dar.
– Die Bestimmung des Gehaltes an Calciumhydroxid ist robuster gegenüber
  den beiden untersuchten Nachbehandlungsmethoden (Acetonnachbehandlung und Trocknung bei 105 °C) verglichen mit der Ermittlung des chemisch
  gebundenen Wassers. Zudem können über den Konsum von Calciumhydroxid
  direkte Aussagen zu puzzolanischer Aktivität des untersuchten Stoffes erfolgen.
– Ein linearer Zusammenhang zwischen dem Konsum von Calciumhydroxid
  und dem chemisch gebundenen Wasser erscheint nicht sinnvoll, da das Verhältnis der beiden Kenngrößen erheblich von den gebildeten Reaktionsprodukten abhängt und es infolgedessen sehr materialspezifisch ist.
– Im zementgebundenen System liefert die Festigkeit bei einer Austauschrate
  von 10 M.-% durch einen Zusatzstoff keine Aussagen über den Einfluss dieses Materials. Demgegenüber zeigt sich der Calciumhydroxidkonsum auch
  bei kleinen Austauschraten (10 M.-%) bezüglich der Zugabe eines puzzolanen
  Zusatzstoffes als sensibleres Messverfahren.
– Der mit relativ einfachen Mitteln durchzuführende R^3-Test weist Zusammenhänge mit dem Calciumhydroxidkonsum der R^3-Proben sowie der Zementleimproben und der Druckfestigkeit (ab einer Austauschrate von 20 M.-%) im
  zementgebundenen System auf. Die genannten Korrelationen sind jedoch
  nicht zwingend linear. Durch den R^3-Test sind folglich, trotz stark vereinfachten Annahmen, relativ gute erste Einschätzungen der Reaktionsverhalten von
  Zusatzstoffen, vor allem für den Vergleich unterschiedlicher Materialien,
  möglich. Ungeeignet ist der R^3-Test jedoch, wenn Bestandteile des untersuchten Stoffes im Temperaturbereich von 105 °C bis 350 °C zerfallen. Detaillierte Reaktionsmechanismen können mit dem Test nicht abgebildet werden.

Im Allgemeinen ist festzuhalten, dass sich das Reaktionsverhalten eines Zusatz-stoffes im zementgebundenen System sehr schwer separiert untersuchen lässt, da es von einer Vielzahl an Einflussfaktoren des Gesamtsystems abhängig ist. Um das Reaktionsverhalten eines Stoffes verstehen zu können, sind folglich zu-nächst Analysen im klinkerfreien System notwendig. Die daran anschließende Bestimmung relevanter Kenngrößen im zementgebundenen System, wie bei-spielsweise der Festigkeit und der Dauerhaftigkeit, ist von besonderer bauprak-tischer Bedeutung, um den Einfluss des Zusatzstoffes auf solche Systeme beur-teilen zu können. Nur durch simultane Untersuchungen der chemischen und physikalischen Effekte, welche von dem betrachtenden Zusatzstoff auf zement-gebundene Systeme ausgeübt werden, ist ein für den jeweiligen Anwendungsfall effizienter Einsatz des Materials möglich.

Aus den Ergebnissen dieser Arbeit geht hervor, dass der untersuchte calcinierte Ton puzzolanische Eigenschaften aufweist und die Druckfestigkeit von zement-gebundenen Systemen positiv beeinflussen kann. Weltweit verfügbare Tone, de-ren Calcinierungsprozesse wesentlich umweltfreundlicher im Vergleich zur Ze-mentherstellung gestaltet werden können, weisen ein erhebliches Potenzial auf, zementersetzend in der Bauindustrie verwendet zu werden. Der Einsatz calci-nierter Tone könnte dadurch einen wesentlichen Beitrag zur ressourcenschonenderen und umweltbewussteren Konzeption zementgebunde-ner Systeme leisten.

Um dieses zukünftige, globale Ziel erreichen zu können, ist es insbesondere not-wendig, Tone mit verschiedenen Zusammensetzungen weltweit bezüglich deren Eigenschaften und dem Reaktionsverhalten zu analysieren. Neben der Beurtei-lung des Reaktionsverhaltens verschiedener internationaler Tone müssen zusätz-lich Aspekte der Dauerhaftigkeit bei der Verwendung von calciniertem Ton in ze-mentgebundenen Systemen erforscht werden. Außerdem sind weitere Untersuchungen zu Optimierungsmöglichkeiten im Herstellungsprozess calci-nierter Tone erforderlich.

Literaturverzeichnis

Almenares, R. S., Vizcaíno, L. M., Damas, S., Mathieu, A., Alujas, A., & Martirena, F. (2017). Industrial calcination of kaolinitic clays to make reactive pozzolans. Case Studies in Construction Materials, 6(March), 225–232. doi:10.1016/j.cscm.2017.03.005

Avet, F., Snellings, R., Alujas Diaz, A., Ben Haha, M., & Scrivener, K. (2016). Development of a new rapid, relevant and reliable (R3) test method to evaluate the pozzolanic reactivity of calcined kaolinitic clays. Cement and Concrete Research, 85, 1–11. doi:10.1016/j.cemconres.2016.02.015

Benedix, R. (2015). Bauchemie: Einführung in die Chemie für Bauingenieure und Architekten. Springer Vieweg.

Beuntner, N. (2017). Zur Eignung und Wirkungsweise calcinierter Tone als reaktive Bindemittelkomponente im Zement.

Beuntner, N., & Thienel, C. (2015). Properties of Calcined Lias Delta Clay—Technological Effects, Physical Characteristics and Reactivity in Cement. In K. Scrivener & A. Favier (Hrsg.), Calcined Clays for Sustainable Concrete (S. 43–50). Springer, RILEM Bookseries. doi:10.1007/978-94-024-1207-9

Beuntner, N., & Thienel, C. (2016). Solubility and kinetics of calcined clay: study of interaction by pore solution.

Buchwald, A., Kriegel, R., Kaps, C., & Zellmann, H.-D. (2003). Untersuchungen zur Reaktivität von Metakaolinen für die Verwendung in Bindemittelsystemen. GdCH-Monographie 27, 91–97.

Danner, T. (2013). Reactivity of Calcined Clays.

Danner, T., & Justnes, H. (2018). The Influence of Production Parameters on Pozzolanic Reactivity of Calcined Clays. Nordic Concrete Research, 59(1), 1–12. doi:10.2478/ncr-2018-0011

Dean, S. W., Bentz, D. P., Durán-Herrera, A., & Galvez-Moreno, D. (2011). Comparison of ASTM C311 Strength Activity Index Testing versus Testing Based on Constant Volumetric Proportions. Journal of ASTM International, 9(1), 104138. doi:10.1520/jai104138

Donatello, S., Tyrer, M., & Cheeseman, C. R. (2010). Comparison of test methods to assess pozzolanic activity. Cement and Concrete Composites, 32(2), 121–127. doi:10.1016/j.cemconcomp.2009.10.008

© Springer Fachmedien Wiesbaden GmbH, ein Teil von Springer Nature 2020
K. Weise, *Über das Potenzial von calciniertem Ton in zementgebundenen Systemen*, Werkstoffe im Bauwesen | Construction and Building Materials, https://doi.org/10.1007/978-3-658-28791-7

Fernandez, R., Martirena, F., & Scrivener, K. L. (2011). The origin of the pozzolanic activity of calcined clay minerals: A comparison between kaolinite, illite and montmorillonite. Cement and Concrete Research, 41(1), 113–122. doi:10.1016/j.cemconres.2010.09.013

Ferraz, E., Andrejkovičová, S., Hajjaji, W., Velosa, A. L., Silva, A. S., & Rocha, F. (2015). Pozzolanic activity of metakaolins by the French standard of the modified Chapelle test: A direct methodology. Acta Geodynamica et Geomaterialia, 12(3), 289–298. doi:10.13168/AGG.2015.0026

Gmür, R., Thienel, K.-C., & Beuntner, N. (2016). Influence of aging conditions upon the properties of calcined clay and its performance as supplementary cementitious material. Cement and Concrete Composites, 72, 114–124. doi:10.1016/j.cemconcomp.2016.05.020

He, C., Osbaeck, B., & Makovicky, E. (1995). Pozzolanic reactions of six principal clay minerals: Activation, reactivity assessments and technological effects. Cement and Concrete Research, 25(8), 1691–1702. doi:10.1016/0008-8846(95)00165-4

Hollanders, S., Adriaens, R., Skibsted, J., Cizer, Ö., & Elsen, J. (2016). Pozzolanic reactivity of pure calcined clays. Applied Clay Science, 132–133, 552–560. doi:10.1016/j.clay.2016.08.003

Kakali, G., Perraki, T., Tsivilis, S., & Badogiannis, E. (2001). Thermal treatment of kaolin: the effect of mineralogy on the pozzolanic activity. Applied Clay Science, 20, 73–80.

Li, X., Snellings, R., Antoni, M., Alderete, N. M., Ben Haha, M., Bishnoi, S., et al. (2018). Reactivity tests for supplementary cementitious materials: RILEM TC 267-TRM phase 1. Materials and Structures, 51(6), 151. doi:10.1617/s11527-018-1269-x

Lilkov, V., & Stoitchkov, V. (1996). Effect of the "Pozzolit" Active Mineral Admixture on the Properties of Cement Mortars and Concretes Part 2: Pozzolanic Activity. Cement and Concrete Research, 26(7), 1073–1081.

Massazza, F. (2003). Pozzolana and Pozzolanic Cements. In Lea's Chemistry of Cement and Concrete (S. 471–635).

Morsy, M. S. (2005). Effect of temperature on hydration kinetics and stability of hydration phases of metakaolin-lime sludge-silica fume system. Ceramics - Silikaty, 49(4), 237–241.

Mostafa, N. Y., El-Hemaly, S. A. S., Al-Wakeel, E. I., El-Korashy, S. A., & Brown, P. W. (2002). Characterization and evaluation of the pozzolanic activity of Egyptian industrial by-products. Cement and Concrete Research, 31(3), 467-474. doi:10.1016/s0008-8846(00)00485-3

Murat, M. (1983). Hydration reaction and hardening of calcined clays and related minerals. I. Preliminary investigation on metakaolinite. Cement and Concrete Research, 13(2), 259-266. doi:10.1016/0008-8846(83)90109-6

Okrusch, M., & Matthes, S. (2014). Mineralogie - Eine Einführung in die spezielle Mineralogie, Petrologie und Lagerstättenkunde (9. Auflage.). Springer Spektrum.

Parashar, A., Krishnan, S., & Bishnoi, S. (2015). Testing of Suitability of Supplementary Materials Mixed in Ternary Cements. In K. Scrivener & A. Favier (Hrsg.), Calcined Clays for Sustainable Concrete (S. 419-426). Springer Netherlands.

Piga, L. (1995). Thermogravimetry of a kaolinite-alunite ore. Thermochimica Acta, 265, 177-187.

Pourkhorshidi, A. R., Najimi, M., Parhizkar, T., Jafarpour, F., & Hillemeier, B. (2010). Applicability of the standard specifications of ASTM C618 for evaluation of natural pozzolans. Cement and Concrete Composites, 32(10), 794-800. doi:10.1016/j.cemconcomp.2010.08.007

Ramachandran, V. S., Paroli, R. M., Beaudoin, J. J., & Delgado, A. H. (2002). Handbook of Thermal Analysis of Construction Materials. Thermochimica Acta (Bd. 406). doi:10.1016/S0040-6031(03)00230-2

Rasmussen, K., Moesgaard, M., Køhler, L., Tran, T., & Skibsted, J. (2015). Comparison of the Pozzolanic Reactivity for Flash and Soak Calcined Clays in Portland Cement Blends. In Calcined Clays for Sustainable Concrete (S. 151-157).

Röser, F. (2018, April). Über die Reaktivität von Betonzusatzstoffen: Ein versuchsbasiertes Hydratationsmodell. TU Darmstadt.

Roth. (2015, Dezember). Sicherheitsdatenblatt Calciumhydroxid.

Salvador, S. (1995). Pozzolanic properties of flash-calcined kaolinite: A comparative study with soak-calcined products. Cement and Concrete Research, 25, 102-112.

Scheffer, F., & Schachtschabel, P. (2018). Lehrbuch der Bodenkunde. Bodenkunde. doi:10.1007/978-3-642-59093-1_5

Scherb, S., Beuntner, N., & Thienel, K. (2018). Reaction Kinetics of Basic Clay Components Present in Natural Mixed Clays. In Calcined Clays for Sustainable Concrete (Bd. 16, S. 427-433). doi:10.1007/978-94-024-1207-9

Schulze, S. E., & Rickert, J. (2019). Suitability of natural calcined clays as supplementary cementitious material. Cement and Concrete Composites, 95(August 2018), 92–97. doi:10.1016/j.cemconcomp.2018.07.006

Scrivener, K. L., Lothenbach, B., De Belie, N., Gruyaert, E., Skibsted, J., Snellings, R., & Vollpracht, A. (2015). TC 238-SCM: Hydration and microstructure of concrete with SCMs: State of the art on methods to determine degree of reaction of SCMs. Materials and Structures/Materiaux et Constructions, 48(4), 835–862. doi:10.1617/s11527-015-0527-4

Scrivener, K., Snellings, R., & Lothenbach, B. (2016). A Practical Guide to Microstructural Analysis of Cementitious Materials. Taylor & Francis.

Shvarzman, A., Kovler, K., Grader, G. S., & Shter, G. E. (2003). The effect of dehydroxylation/amorphization degree on pozzolanic activity of kaolinite. Cement and Concrete Research, 33(3), 405–416. doi:10.1016/S0008-8846(02)00975-4

Taylor, H. F. W. (1990). Cement chemistry.

Thienel, C., & Beuntner, N. (2012). Effects of Calcined Clay as Low Carbon Cementing Materials on the Properties of Concrete, (July).

Tironi, A., Trezza, M. A., Scian, A. N., & Irassar, E. F. (2013). Assessment of pozzolanic activity of different calcined clays. Cement and Concrete Composites, 37(1), 319–327. doi:10.1016/j.cemconcomp.2013.01.002

Tironi, A., Trezza, M. A., Scian, A. N., & Irassar, E. F. (2014). Thermal analysis to assess pozzolanic activity of calcined kaolinitic clays. Journal of Thermal Analysis and Calorimetry, 117(2), 547–556. doi:10.1007/s10973-014-3816-1

Weise, K. (2018). Die Reaktivität von Hüttensand als Betonzusatzstoff: Eine thermogravimetrische Systemstudie. Springer Vieweg.

Normen und Standards

DIN EN 196-5: Prüfverfahren für Zement – Teil 5: Prüfung der Puzzolanität von Puzzolanzementen; Deutsche Fassung EN 196-5: 2011

DIN EN 197-1: Zement – Teil 1: Zusammensetzung, Anforderungen und Konformitätskriterien von Normalzement; Deutsche Fassung EN 197-1: 2011

DIN EN 206: Beton – Festlegung, Eigenschaften, Herstellung und Konformität; Deutsche Fassung EN 206: 2013 + A1: 2016

DIN EN 450-1: Flugasche für Beton – Teil 1: Definition, Anforderungen und Konformitätskriterien; Deutsche Fassung EN 450-1: 2012

DIN EN 933-1: Prüfverfahren für geometrische Eigenschaften von Gesteinskörnungen – Teil 1: Bestimmung der Korngrößenverteilung – Siebverfahren; Deutsche Fassung EN 933-1: 2012

DIN EN 15167-1: Hüttensandmehl zur Verwendung in Beton, Mörtel und Einpressmörtel – Teil 1: Definitionen, Anforderungen und Konformitätskriterien; Deutsche Fassung EN 15167-1: 2006

DIN 1045-2: Tragwerke aus Beton, Stahlbeton und Spannbeton – Teil 2: Beton – Festlegung, Eigenschaften, Herstellung und Konformität – Anwendungsregeln zu DIN EN 206-1

ASTM C219-14a: Standard Terminology Relating to Hydraulic Cement

ASTM C311/C311M-18: Standard Test Methods for Sampling and Testing Fly Ash or Natural Pozzolans for Use in Portland-Cement Concrete

ASTM C618-05: Standard Specification for Coal Fly Ash and Raw or Calcined Natural Pozzolan for Use in Concrete

IS: 1727: Methods of test for pozzolanic materials; 1967

© Springer Fachmedien Wiesbaden GmbH, ein Teil von Springer Nature 2020
K. Weise, *Über das Potenzial von calciniertem Ton in zementgebundenen Systemen*, Werkstoffe im Bauwesen | Construction and Building Materials,
https://doi.org/10.1007/978-3-658-28791-7

Anhang

Ergänzende Tabellen

Tab. 25: Übersicht über die chemische Zusammensetzung ausgewählter Tongemische (1/2)

Quelle	SiO_2	Al_2O_3	Fe_2O_3	CaO	MgO	K_2O	Sonst.
(Almenares et al. 2017)	54.63	27.33	12.60	1.73	0.93	1.57	2.47
(Schulze und Rickert 2019)	46.58	34.86	1.64	0.01	0.41	1.83	14.67
	64.64	19.46	3.78	0.01	0.26	0.99	10.86
	50.66	23.78	3.86	0.01	0.70	1.76	19.23
	55.99	19.88	7.19	0.01	0.56	2.24	14.13
	52.19	17.30	5.48	1.41	3.57	1.46	18.59
	52.57	16.83	4.97	1.35	3.80	1.13	19.35
	52.65	17.90	4.06	0.89	3.64	0.76	20.10
	46.94	14.79	10.03	3.82	3.09	2.77	18.56
	62.07	22.24	1.76	0.01	0.48	1.91	11.53
	76.25	13.64	1.16	0.01	0.37	1.80	0.00
	58.52	20.71	7.26	0.01	0.73	4.15	8.62
	45.11	15.05	20.68	0.63	1.89	2.68	13.96
	37.14	12.64	7.89	10.92	4.75	2.62	24.04
	51.98	20.25	7.76	3.32	2.28	3.22	11.19
	58.84	21.35	7.81	0.22	1.78	4.19	5.81

© Springer Fachmedien Wiesbaden GmbH, ein Teil von Springer Nature 2020
K. Weise, *Über das Potenzial von calciniertem Ton in zementgebundenen Systemen*, Werkstoffe im Bauwesen I Construction and Building Materials,
https://doi.org/10.1007/978-3-658-28791-7

Tab. 26: Übersicht über die chemische Zusammensetzung ausgewählter Tongemische (2/2)

Quelle	SiO₂	Al₂O₃	Fe₂O₃	CaO	MgO	K₂O	Sonst.
(Danner und Justnes 2018)	60.60	30.00	3.40	0.10	0.40	3.20	2.30
	48.70	17.80	10.40	13.80	2.80	2.40	4.10
(Beuntner und Thienel 2015)	52.00	21.00	8.00	3.00	2.00	3.00	11.00
(Tironi et al. 2014)	45.90	37.00	0.77	0.08	0.12	0.40	1.05
	51.40	31.30	0.92	0.40	0.19	0.38	1.78

Tab. 27: Gemessene pH-Werte der Proben zur Bestimmung der Ionenlöslichkeit

Material	Alter [Tage]	pH-Wert der Lösung
RT	1	12.3
	7	12.2
	28	12.1
CTS	1	12.2
	7	12.3
	28	12.3
CTSI	1	12.3
	7	12.3
	28	12.3
CTSA	1	12.2
	7	12.2
	28	12.2
CT	1	12.3
	7	12.3
	28	12.3

Tab. 28: Ergebnisse der Versuche zur Ionenlöslichkeit

Material	Alter [Tage]	Siliciumionen [mg/l]	Aluminiumionen [mg/l]	Calciumionen [mg/l]
RT	1	0.62	0.43	607
	7	0.53	0.74	619
	28	0.64	0.11	606
CTS	1	0.79	0.07	615
	7	0.89	0.05	625
	28	0.75	0.03	557
CTSI	1	0.52	0.34	559
	7	0.76	0.33	656
	28	0.78	0.08	636
CTSA	1	0.86	0.03	627
	7	0.51	0.02	521
	28	0.57	0.09	450
CT	1	0.40	0.26	645
	7	0.83	0.04	629
	28	0.16	0.05	686

Tab. 29:   Chemisch gebundenes Wasser aus R^3-Test [g/100g getrocknete Probe]

Zeitpunkt [Tage]	RT Mittelwert	RT Standardabweichung	CTS Mittelwert	CTS Standardabweichung	CT Mittelwert	CT Standardabweichung
1	0.73	0.19	1.90	0.23	2.38	0.32
7	0.26	0.17	3.76	0.26	4.43	0.34
28	0.07	0.01	4.19	0.32	5.08	0.27

Tab. 30:   Vergleich der Ergebnisse des CGW-R^3 (R^3-Test und TGA)

Nachbehandlung	Aceton		Aceton		Trocknung 105 °C		Trocknung 105 °C	
Test	R^3-Test		TGA		R^3-Test		TGA	
Temperaturbereich	105 °C - 350 °C		105 °C - 350 °C		105 °C - 350 °C		105 °C - 350 °C	
Bezugsgröße	$m_{105\,°C}$		$m^{*}_{105\,°C}$		$m_{105\,°C}$		$m^{*}_{105\,°C}$	
Material	MW	SA	MW	SA	MW	SA	MW	SA
RT	0.26	0.17	1.00	0.10	0.26	0.17	1.06	0.11
CTS	4.43	0.34	3.97	0.08	4.43	0.34	4.07	0.04
CT	3.76	0.26	4.95	0.16	3.76	0.26	5.23	0.07

MW: Mittelwert, SA = Standardabweichung

Ergänzende Abbildungen

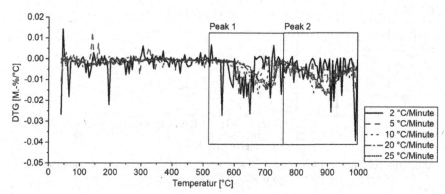

Abb. 101: DTG-Kurve des calcinierten Tons (CT) bei verschiedenen Heizraten [%/°C]

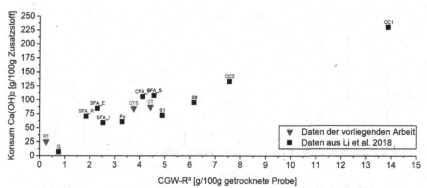

Abb. 102: Zusammenhang des CGW-R³ und dem Calciumhydroxidkonsum (TGA) - vollständig

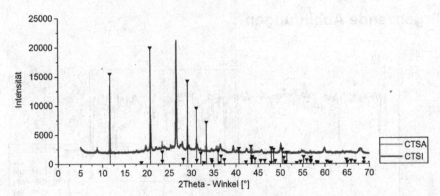

Abb. 103: XRD der inneren (CTSI) und äußeren Schicht (CTSA) sowie die charakteristischen Signale von Gips (CaSO$_4$ · 2H$_2$O) – vollständig

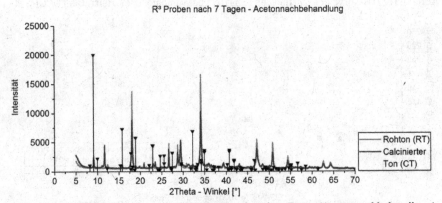

Abb. 104: XRD der R³-Proben mit RT und CT nach sieben Tagen (Acetonnachbehandlung) sowie die charakteristischen Signale von Ettringit - vollständig

Printed in the United States
By Bookmasters